宇宙ヤバイ

スケール桁違いの天文学入門

キャベチ

KADOKAWA

JN027814

はじめに　〜桁違いに大きく、神秘的な宇宙の世界にようこそ〜

どうも！「宇宙ヤバイch」中の人のキャベチです。
この度は、本書をご購入いただき、誠にありがとうございます。

突然ですが、みなさんは宇宙のどんなところが好きですか？

この世のものとは思えないほどに美しいところ、未解明の謎に溢《あふ》れていて神秘的なところなど、人によって色々な理由があると思います。

そして、僕個人としては、宇宙は「**桁違いに大きな数字**」**がたくさん出てくる**ところが好きです。

母の話を聞くと、僕は小さい頃から大きな数字が好きで、2歳のときには、毎日のように母に1から1000までの数字をノートに書かせて遊んでいたそうです。なんとも嫌な子どもですね（笑）。

僕は物心ついた頃にはすでに宇宙が好きだったのですが、それだけ大きな数字が好きだったからこそ、実際に**「天文学的数字」という表現があるほど桁違いに大きな数字で溢れている**宇宙に、自然と惹《ひ》かれていったのかなぁ、と考察しています。

天文学的に巨大な数字は、私たちに桁違いに大きい宇宙のスケールとその壮大さを実感させてくれます。そして、私たちの日常の問題がいかに些細《ささい》なものであるかを感じさせ、癒してくれる存在だとも思っています。

そんなわけで、僕キャベチが運営しているユーチューブの「宇宙ヤバイch」でも、数字を頻繁に使って、宇宙の面白さやヤバさを日々発信していますし、本書でもできるだけ、桁違いに巨大な数字を使って、宇宙の面白さやヤバさを感じていただけたらなと思っています。

それでは神秘的な宇宙の世界をどうぞゆっくりと楽しんでいってください！

宇宙ヤバイ

目次

第3章
色々な天体を比べてみよう!

第4章

令和の宇宙重大ヤバイニュース5選

装丁・本文デザイン／天野昌樹
DTP／株式会社ニッタプリントサービス
校正協力／信州大学工学部助教　冨田孝幸
大阪電気通信大学工学部准教授　多米田裕一郎
Copy-ソル
金音ニトロ
GeeKay

第１章

ヤバイ宇宙の基礎知識

この章では、宇宙をより深く楽しむための
基礎知識をなるべく簡単に解説していきます！
まずは基本的な天体の分類と
その特徴を紹介して、続いてそれらの天体が
織りなす宇宙がどれくらい広くて、
どのような姿をしているのかを
見ていきましょう。

【宇宙入門】天体の分類の基礎知識！

●意外と多くない！　頻出の天体の種類

どうも！　あらためまして、「宇宙ヤバイch」中の人のキャベチです。

さて、この章では、「宇宙に興味はあるけれど、知らない天体用語が多すぎて難しい……」と思ってしまうという方向けに、基本的な**天体の分類とそれらの簡単な解説**をしていきます！

天体の種類はたくさんありますが、大まかに分けると頻出する天体は意外と多くありません。

理解しやすいように、天体が形成されるストーリーも交えつつ、1つずつ見ていきましょう！

●宇宙で最も基本的な天体「恒星」

まず、**宇宙で最も基本的な天体**と言ってもいいかもしれない「**恒星**」から、その成り立ちとともに説明していきます。

恒星は一言で言うと、内部で核融合反応が起きている天体のことです。宇宙空間の中にはガスがまばらに散らばっています。ガスがたくさんある所では強い重力が生まれ、周囲の物質がさらにたくさんそこに集まってきます。そうしてさらにガスの密度が高まっていきます。

ガスの密度が高まると中心部が徐々に高温高圧状態になり、ある一定の水準を超えると、**核融合**という反応が起き始めます。これが始まると、核融合によって輝きを放つ「恒星」という天体が誕生します！

恒星は中心部が高温高圧になって核融合が始まるほど物質が大量に集まっている天体なので、**すごく重い**です。

最低でも地球の約318倍重い木星の、さらに約80倍重くないと恒星になれないそうです！

●選ばれし存在「惑星」の誕生！

恒星が誕生する時、中心に集まって恒星になるガスとは別に、周囲にはガスや塵《ちり》がたくさん存在し、重い天体である恒星の重力に引かれてその周りをぐるぐる回っています。

この恒星の周囲にできた巨大なガスの円盤構造を、「**原始惑星系円盤**」と呼んでいます。

原始惑星系円盤内でも、物質がぶつかり合ったり、それらが重力で引きあって集まることで徐々に大きな塊が形成され、次第に、中心の重い恒星を周る天体が、大きいものから小さいものまでたくさん形成されます！

このようにして太陽系のような「**惑星系**」ができます。

恒星には全然及ばないものの、かなり重く、自身の強い重力で形が球状になっていて、かつ周りを見てもその天体だけが圧倒的に大きな天体を「**惑星**」と分類します。

現在太陽系には水星、金星、地球、火星、木星、土星、天王星、海王星の8つの惑星

太陽系の簡略図。Credit：NASA/JPL

が存在しています。

ある程度大きく球形でもあるけれど、周囲にも同じくらい大きな天体があるような天体は「準惑星」に分類されます。

冥王星は元々惑星でしたが、周囲に似たような大きさの天体が多数見つかったため、準惑星に格下げされてしまいました。


もっと小さく重力が不十分なために、球状になり切れていない天体は「小惑星」や「彗星」に分類されます。

なので、惑星は恒星を公転する天体の中では非常に大きい、選ばれし存在です。


そして、恒星を直接公転する惑星・準惑星・小惑星・彗星などの天体の周囲を公転する天体を「衛星」と呼びます。

地球だと、その周囲を周る「月」が衛星に当てはまりますね。

ちなみに衛星をさらに公転する天体は「孫衛星」と呼ばれますが、孫衛星は重力的にすごく不安定なので、今のところ1つも見つかっていません！

●恒星の燃えカス「白色矮星」

太陽系のような惑星系の内部構造を見ていったところで、再び恒星に話を戻してみましょう。

恒星の寿命は短いものでも数百万年、長いものだと数兆年と、人間スケールだと想像を絶する長さで存在し続けますが、その寿命も決して永遠ではありません。

恒星の一生の終わり方はその誕生時の質量で決まります。大体、太陽の8倍より軽い恒星の場合、その一生の最期に中心部に「白色矮星《はくしょくわいせい》」という天体が残ります。

これは恒星の中心核で核融合できる物質が尽きてしまい、核融合が止まって残った恒星の中心核、いわば燃えカスです。表面温度が高温であるため、人間の目には青白く見えます。

ちなみに地球から太陽以外で最も明るく見える恒星であるシリウスは、実は恒星であるシリウスAと白色矮星であるシリウスBが公転し合う連星系であることが知られています。白色矮星シリウスBは、その大きさが地球と同程度ですが、質量は地球の約30万倍にもなります！　白色矮星は恐るべき密度です。

●「中性子星」と「ブラックホール」

太陽の8倍以上重い恒星が一生を終えるときは、こんな比ではない桁違いに壮大な現象のオンパレードです。

まず太陽の8倍以上重い恒星の場合、一生の終わりに「超新星爆発」と呼ばれる大爆発を起こします。その放出エネルギーは宇宙最強クラスで、爆発の瞬間から100日程度で、太陽が120億年もの一生をかけて放つ総エネルギーに匹敵します!!

太陽の8〜30倍ほどの質量を持つ大質量の恒星が寿命を迎え超新星爆発を起こすと、元の星の核には「中性子星」という天体が残ります。

この中性子星は先述の白色矮星すら比較にならないほど、とんでもなく高密度な天体です。

ブラックホールの想像図。 Credit：Space Engine

具体的には直径20〜30㎞程度で、質量が地球の50万倍ほどあります！　もし中性子星のかけらを1㎤（角砂糖サイズ）だけ取り出すことができたとしたら、その重さは実に数億トンと、地球に存在する数百m級の山に匹敵する重さになります！　本当に桁違いの高密度天体です。

そして太陽の30倍以上重い超大質量の恒星が一生を終え、超新星爆発を起こすと、その中心部では中性子星すら圧縮されて残らず、**「ブラックホール」が形成されます**。

ブラックホールの構造にはいくつかのモデルがありますが、最も単純なモデルでは、ブラックホールの質量はその中心にある「**特異点**」と呼ばれる体積0の一点にすべて集中していると考えます。すべてが一点に集まるなんて、本当に想像することすらできない凄まじい世界です。

特異点に近づくほど重力は無限大に発散していきますが、そこから離れていくと重力が徐々に弱まり、光速であれば脱出できるほどの重力となります。脱出速度が光速

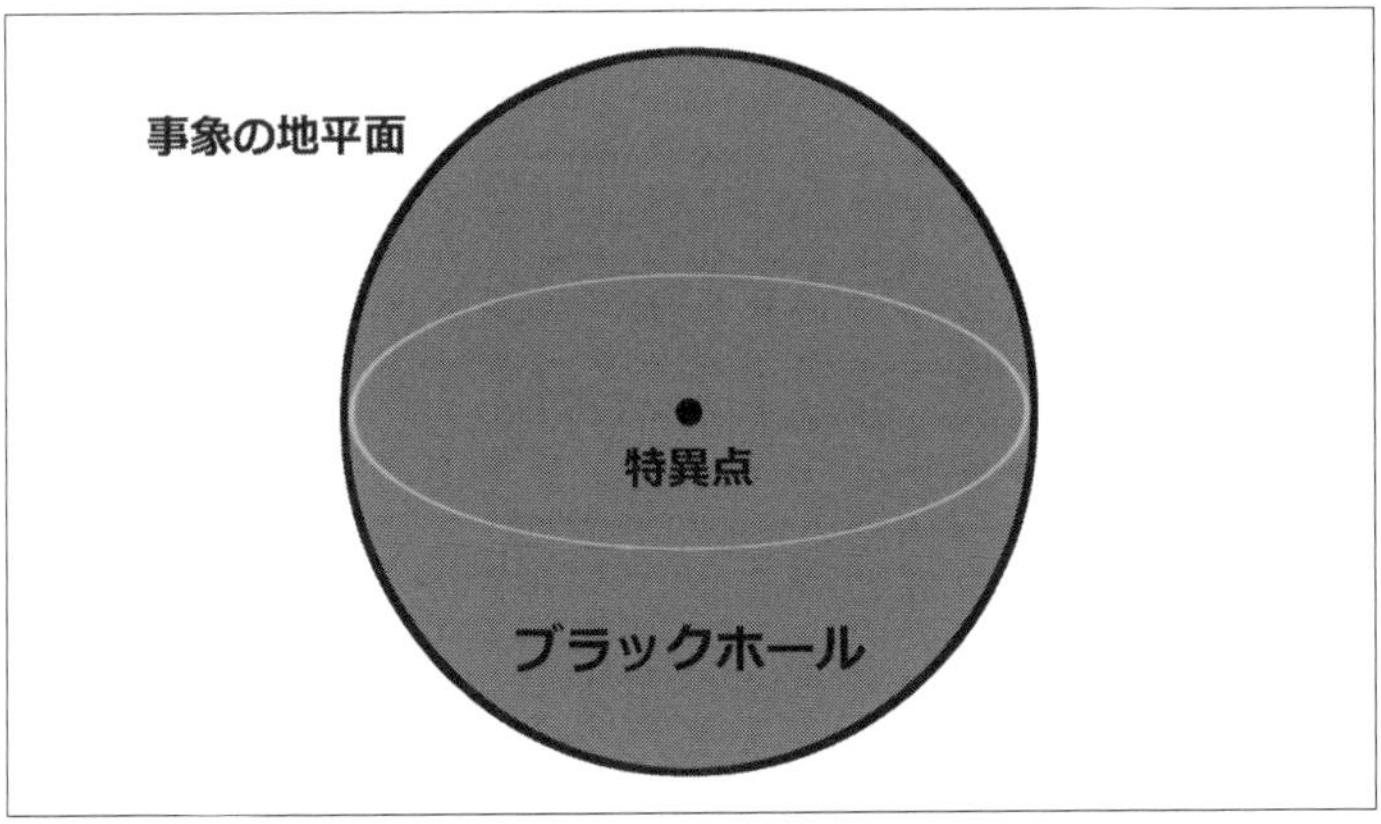

最も単純なブラックホールの構造。

となる境界面を、「事象の地平面」と呼びます。

事象の地平面はただの重力の強さの境界なので、そこに何か物体があるわけではありませんが、それ以内に一度でも入ると宇宙の速度の上限である光速をもってしても、絶対に外に出てくることはできません。

つまりブラックホールは完全に一方通行の世界であり、その中身（事象の地平面以内の世界）の情報を外から知ることは絶対にできません！


また、太陽の30倍以上の超大質量星が、ブラックホールが形成されるほどの大規模で特殊な超新星爆発を起こすと、それと同時に「ガンマ線バースト」と呼ばれる宇宙最強のビームが発生すると考えられています。

ガンマ線バーストは、ほんの数秒間で超新星爆発に匹敵するエネルギーを放ちます。時間当たりのエネルギーはガンマ線バーストのほうが上でしょう。

また、超新星爆発は全方向にエネルギーが分散するのに対し、ガンマ線バーストは特定の方向にエネルギーが集中します。

そのため、超新星爆発と比べても遥か彼方までエネルギーが届きます。具体的には、地球から数百光年ほど離れた、宇宙のスケールからすれば超至近距離で超新星爆発が起きても、致命的な影響は免れると考えられていますが、ガンマ線バーストの場合だと地球から数千光年も離れた場所で発生しても、オゾン層を破壊するなど生物に致命的な影響を及ぼすと考えられています！

超新星爆発も、ガンマ線バーストも、宇宙最強クラスのエネルギーを誇る本当に凄まじい現象です。

●数億～数兆個もの星の集団「銀河」

では最後に、恒星が集まって形成される星の集団について、お話ししていきたいと思います。

先述のとおり、ガスの密度が高い場所に恒星ができますが、さらにガスが豊富だと複数の恒星がその周囲にまとまって誕生し、「星団」を形成することがあります。

なかでも、比較的若い星々が100～1万個程度集まった星団は「散開星団」、100億歳以上の老いた星々が数万から100万個単位で集まった星団は「球状星団」

と呼ばれています。

そして、さらにさらに多くの星が集まった超巨大な星の集団が「銀河」です。小さいものでも数億個、大きいものだと数兆個という膨大な数の恒星が、1つの銀河に含まれていると考えられています！

私たちがいる太陽系も、「天の川銀河」という銀河の中に含まれる1つの恒星にすぎません。そして、天の川銀河の中には、太陽のような恒星が1000億から4000億個も含まれています。太陽系は、宇宙に無数に存在する惑星系の1つにすぎないんですね！

●渦巻銀河の基本構造

また、銀河にはその形によっていくつかの分類があり、天の川銀河はその中でも、円盤状で渦を巻いている構造を持つ銀河である「渦巻銀河」（正確には棒渦巻銀河）に分類されます。渦巻銀河のうち、星が集まった円盤領域全体を「ディスク（円盤）」、ディスクの中心部の特に星が密集していて丸みを帯びた領域を「バルジ」と呼びます。

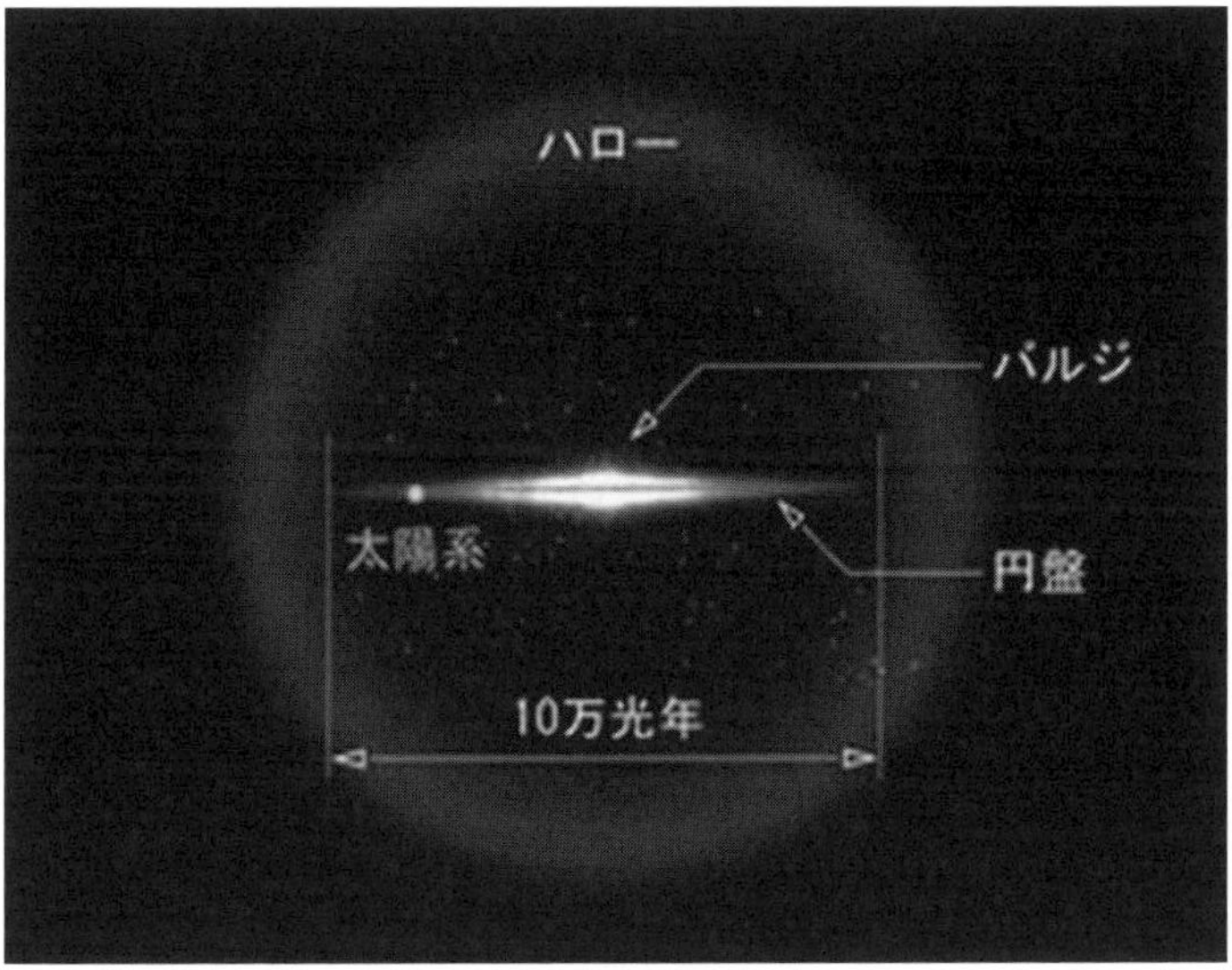

涡巻銀河の基本構造。Credit：名古屋市科学館ＨＰ

さらに星々がディスク全体を取り囲むように薄っすらと低密度で分布していて、このような球状の構造を「ハロー」と呼びます。

ほぼ全ての銀河の中心部には、周囲の豊富な物質を飲み込んで、太陽の数百万〜数百億倍の重さにまで成長した、巨大なブラックホールがあると考えられています！

●銀河の大集団

そして、そのような巨大な銀河が数十個単位で集まり、お互いが重力で拘束し合っている構造を「銀河群」、銀河が数百〜数千個単位で集まり、重力で拘束し合う、銀河群より巨大な銀河の集団を「銀河団」と呼びます。

銀河群や銀河団はたくさん集まって「超銀河団」を形成しますが、そんな超銀河団が宇宙の中にはいくつもあります。人間が地球から観測可能な宇宙の中には、数兆個もの銀河があるという説もあります！

●ダークマターとダークエネルギー

恒星も惑星も、星雲もブラックホールも、これまで説明したような天体はすべて陽子や中性子、電子などの粒子から構成される、「**人類が知っている通常の物質から成る天体**」です。前述のような天体が無数に集まった銀河という構造も、このような通常の物質で構成されていると考えるのが自然です。

ですが、ほとんどすべての銀河の回転運動や、銀河同士の衝突などを観測すると、明らかに通常の物質だけでは説明できないほど大きな重力が働いているような動きをしていることが知られています。

ここで、銀河には通常の物質以外にも「**観測はできないけど重力は働く未知の物質**」がたくさん存在していると考えると、実際の観測結果を上手く説明することができます。このような未知の物質は、「**ダークマター（暗黒物質）**」と呼ばれます。

さらにこれまでの観測から、宇宙は加速膨張していることが知られています。宇宙空間は、宇宙内部に存在する通常の物質やダークマター由来の重力によって収縮すると考えるのが自然なので、加速膨張するためには外側に向かって重力よりも強い力が働いている必要があります。この宇宙を膨張させている、宇宙の外側に向かって働く

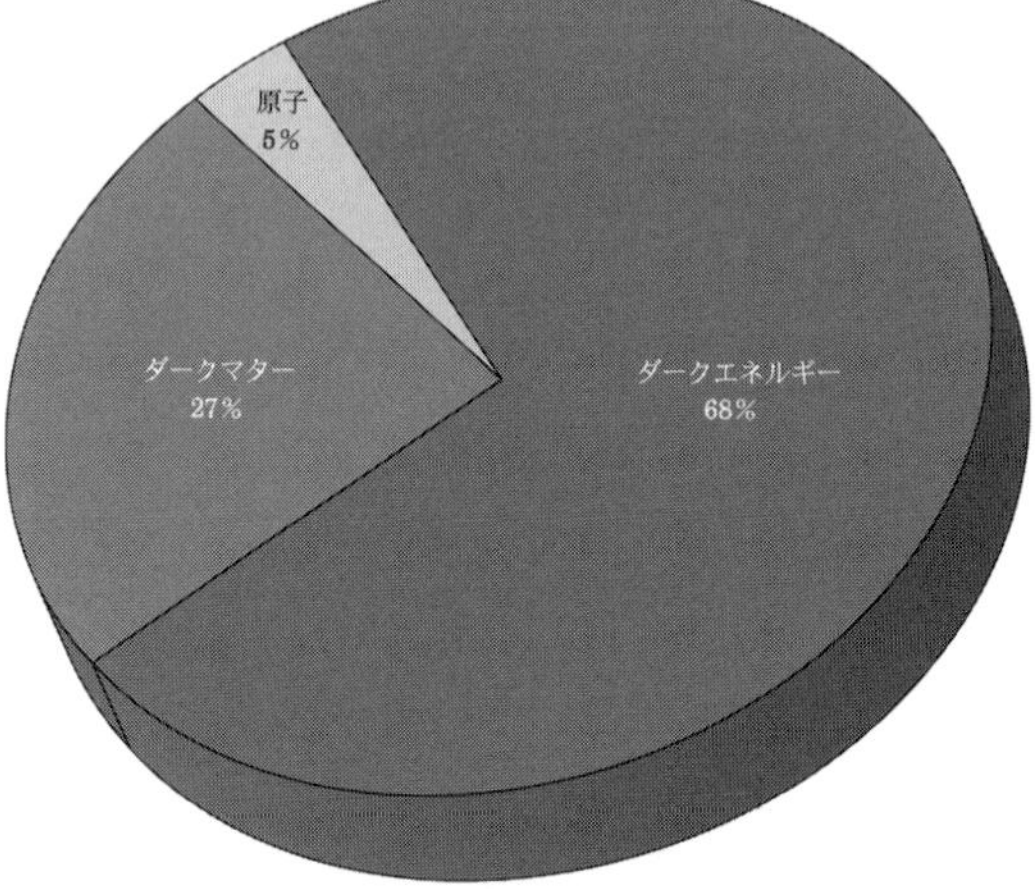

宇宙に存在する物質とエネルギーの割合。
Credit：『天文学辞典』（日本天文学会）

力の源は、「**ダークエネルギー**」と呼ばれています。

宇宙に存在する質量とエネルギーの合計のうち、人類が知っている通常の物質が占める割合はたったの約5％に過ぎません！　様々な観測事実を説明するためには、全体の約25％がダークマター、そして約70％がダークエネルギーであるという推定になるのです。このように質量とエネルギーの観点からも、人類はまだ宇宙全体のほんの一部しか知らないんですね。

結論

主要な天体は意外と多くない

宇宙の広さはどれだけヤバいのか？

宇宙ヤバイ

●ヤバすぎる大きさの宇宙の旅へ出かけよう

宇宙がとても広いことは、みなさんもご存知だと思いますが、実際にどれくらい広いかというと、あまりイメージがつかない方がほとんどだと思います。

そこで今回は、宇宙がどれだけ広くて、ヤバいかを具体的に見ていきたいと思います。

地球から徐々に離れて、宇宙の彼方まで行ってみましょう！

●地球

まずスタートは地球。

地球の姿。Credit：Space Engine

赤道直径は、約1万2756㎞で、赤道を1周すると4万㎞程度です。時速100㎞で、自動車でノンストップのまま爆走すれば、16日ちょっとで1周できますね！

●月

地球から離れていくと、最も身近な天体と言える月が姿を現します。**地球から月までの距離は約38万㎞**。自動車（時速100㎞）で160日というところです。5ヵ月ちょっと不眠不休で車を飛ばせば、月の距離にも届くんですね！

●太陽系惑星たち

さらに遠ざかっていくと、お次は火星が見えてきます。**地球も火星も太陽を公転しているので、これらの距離は常に変動しており、近いときで6000万㎞前後、遠いときで4億㎞前後**です。

土星の姿。Credit：Space Engine

4億kmを車で行こうとすると、450年ほどかかる計算です。

もう車ではきつくなってきましたね……。

1秒で地球を7周半するほど速い光でも、地球から最も遠いときの火星に行くまで20分以上かかります。


火星、木星に続いて見えてくる**土星は、地球からの距離が12億km〜16億km前後**です。

15億kmとすると、光速で約83分です。


最後は、太陽系で一番外側にある惑星である海王星。

地球からの距離は平均で約45億km。

光だと4時間くらいです。

あらためて、ものすごく遠いことがわかりますね。

●太陽系の果てへ

そろそろ太陽系ともおさらばです。

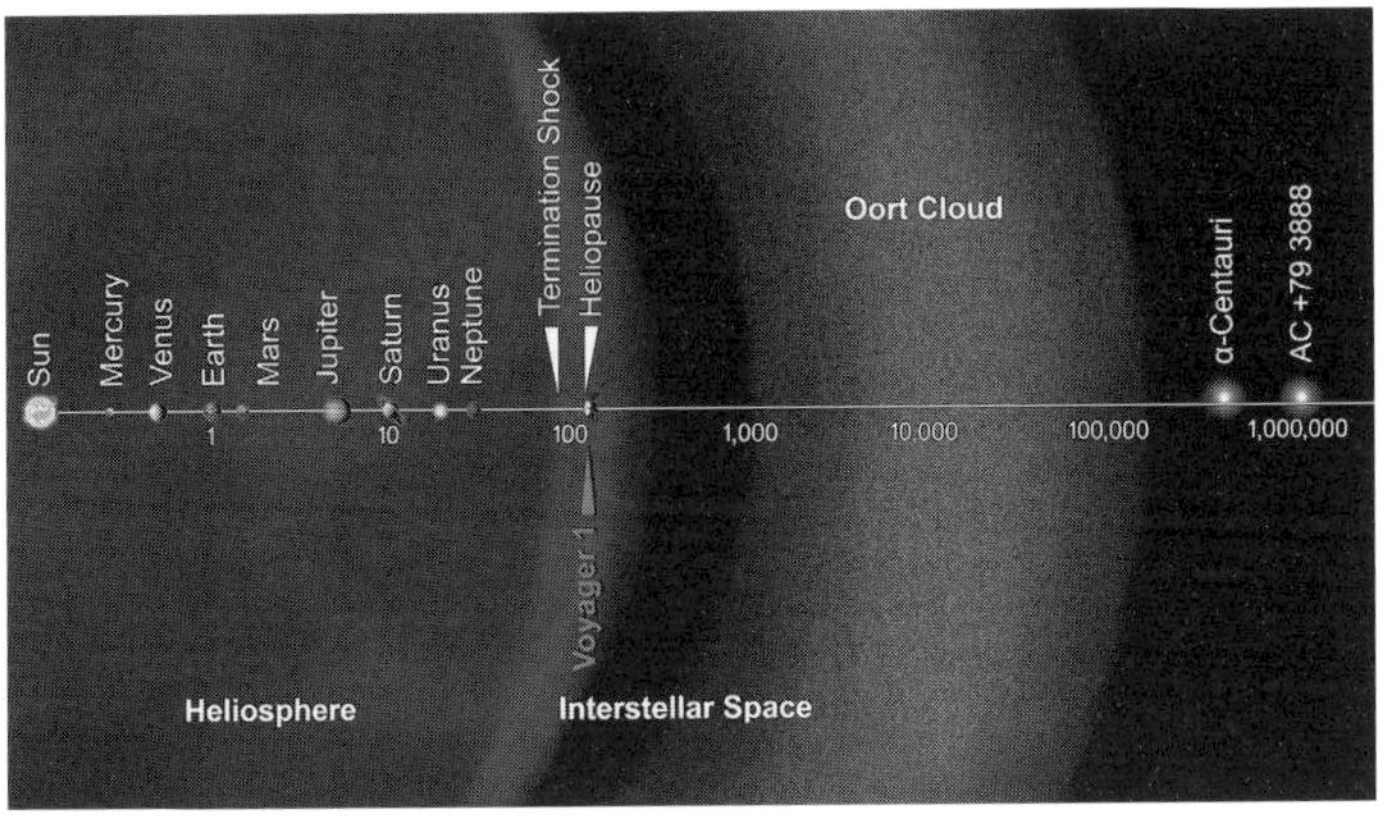

太陽系全体の構造図。中央の数字の単位は「天文単位」。天文単位というのは地球と太陽の平均距離を 1 とした距離の単位で、㎞に換算すると1天文単位が約 1 億 4960 万㎞。オールトの雲（Oort Cloud）は太陽から数千～ 10 万天文単位の領域にかけて広がっている。
Credit：NASA/JPL-caltech

太陽系の端には「**オールトの雲**」という、氷が集まった天体群が、太陽系全体を包み込むように球殻状に広がっていると考えられています。

直接観測できたわけではなく、あくまで仮説上の構造ですが、オールトの雲は、**太陽から数千天文単位〜10万天文単位くらいの範囲で広がっている**と考えられています。

この天文単位というのは、地球と太陽の平均距離を1とした距離の単位です。kmに換算すると1天文単位が約1億4960万kmです。

地球からオールトの雲の端までは、光の速度をもってしても約1・6年もかかる計算です。つまり光が1年間で進む距離を1とした光年という距離の単位で言えば、太陽系の端まで約1・6光年ということになります。ちなみに1光年を天文単位に直すと約6万3000天文単位、kmに直すと約9・5兆kmになります！

このように宇宙はあまりに広く、kmという単位では桁が膨大になってしまうので、天文単位や光年といった特別な距離の単位を使うことが多いのです。

●身近な恒星たちの世界へ

ようやく太陽系を脱出し、ここからは身近な恒星の世界です。

次に見えてくるのは、太陽系に一番近い恒星、「**プロキシマ・ケンタウリ**」です。最も近い恒星といっても放出エネルギーが弱く、とても暗い星なので、肉眼ではまったく見えません。

太陽系からは、4・2光年ほどの距離にあります。最も近い恒星とはいえ、その距離は現在の技術では、どれだけ頑張っても人間がたどり着くことはできないほど遠いです。

1977年に打ち上げられた**ボイジャー1号**は、2023年時点で**地球から160天文単位以上の距離**にあり、最も遠い宇宙まで到達している人工物として知られていますが、今もなお太陽系の外に向かって秒速17㎞という恐るべき速度で直進中です。しかし、そんなボイジャー1号をもってしても、最も近い隣の恒星と同じだけ遠ざかるためには、単純計算であと7万年以上かかることになります！

そして、冬の大三角の1角でおなじみの**シリウスまでは、約8・6光年**の距離です。

さらに離れて、うしかい座α星のアークトゥルス。地球から約36光年先にあります。こちらは太陽程度の質量を持つ星が寿命の末期段階で膨張した赤色巨星《せきしょくきょせい》という分類の星で、アークトゥルスの場合は太陽の25倍ほどの半径を持っています。

おとめ座の青白い星、**スピカは地球から約260光年**離れています。

スピカは地球から肉眼では1つの星にしか見えませんが、拡大すると5つの星が集まって見えます。そのうち2つは実際に距離が近く、お互いが重力的に結びついて公転し合う「連星系」であり、残り3つは単に地球から見て近い位置にあるだけで、連星系ではないと言われています。

太陽系には恒星が1つしかありませんが、宇宙では連星系がありふれた存在であり、宇宙にある恒星全体の半分程度が連星系に属しているとも言われています！

冬の大三角の1角、**ベテルギウスの地球からの距離は約530光年**。

これだけ遠いにもかかわらず、ベテルギウス自体が太陽の750倍もの半径を持つ超巨大な星なので、地球からの見た目の大きさは、太陽を除けば最も大きい恒星となります。

●天の川銀河の全貌

身近な恒星の世界からはるか遠くまで来ると、新しい構造が見えてきます。

恒星が億〜兆単位で集まった超巨大な構造である「銀河」という天体です。

太陽系は天の川銀河という円盤のような形をした銀河の中に存在しています。**太陽系から天の川銀河の中心までの距離は、約2万5000光年**です。

ちなみに天の川銀河の円盤の直径は約10万光年あります！

●アンドロメダ銀河

天の川銀河を離れて、しばらくして見えるのは**アンドロメダ銀河**。

太陽系からの距離は約250万光年です。

アンドロメダ銀河は、時速40万kmで天の川銀河に接近していて、およそ45億年後には、2つの銀河が衝突すると言われています！

●銀河団・銀河群

そして天の川銀河やアンドロメダ銀河など、近所の銀河たちは重力的に拘束し合っていて、こういった銀河の集団を小さいものなら「**銀河群**」、大きいものなら「**銀河団**」と呼びます。

天の川銀河やアンドロメダ銀河が含む銀河群を特に「局部銀河群」や「ローカルグループ」と呼んでいます。

局部銀河群は直径が約500万〜600万光年と考えられています！

●超銀河団

近くに存在している銀河団や銀河群の集合を、「超銀河団」と呼びます。

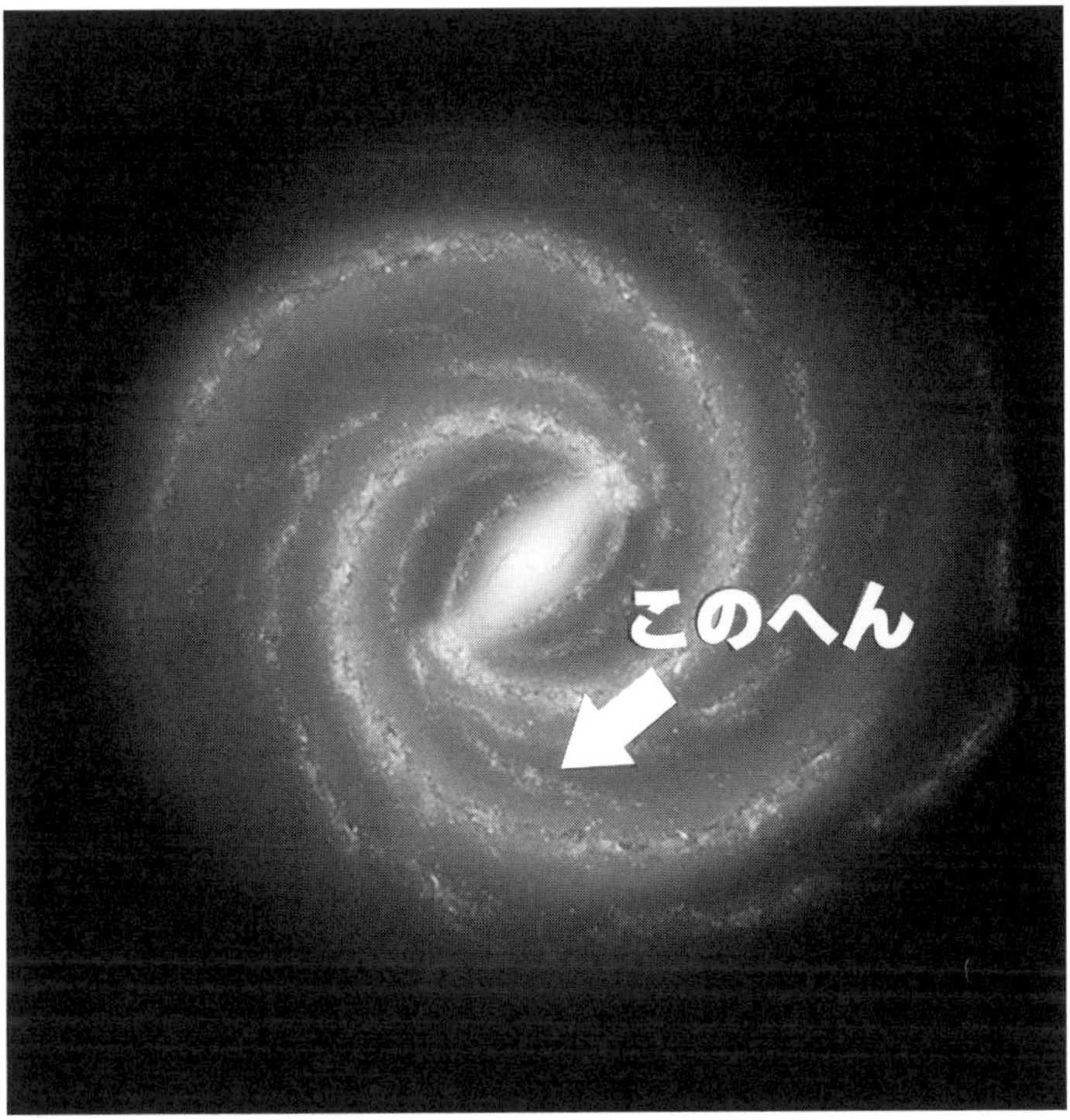

太陽系は、天の川銀河中心部からある程度離れた場所に位置しています。
Credit：NASA/JPL-Caltech/ESO/R. Hurt

天の川銀河がある局部銀河群は、おとめ座超銀河団という超銀河団の一部です。

おとめ座超銀河団の直径は1億光年にもなるそうです！

おとめ座超銀河団を構成するすべての銀河は、なんと超銀河団の中心部ではなく、超銀河団の外にある特定の重力源から引かれるような運動をしていることが知られています。おとめ座超銀河団全体を引っ張る謎の巨大重力源は、「グレートアトラクター」と呼ばれています。

グレートアトラクターに引っ張られている天体は、おとめ座超銀河団を超える範囲にまで分布していました。天文学者たちが個々の銀河の運動を詳細に調べた結果、なんと直径5億光年以上、おとめ座超銀河団の100倍以上も広大な領域にわたって存在するあらゆる天体が、グレートアトラクターに引き寄せられていました。この2014年に新たに発見された、グレートアトラクターに引き寄せられるすべての銀河の超巨大な集合体は、「ラニアケア超銀河団」と命名されました。

ラニアケア超銀河団はおとめ座超銀河団を拡張した概念なので、当然おとめ座超銀河団を内包しています。さらにはグレートアトラクターも、ラニアケア超銀河団に内包されています。

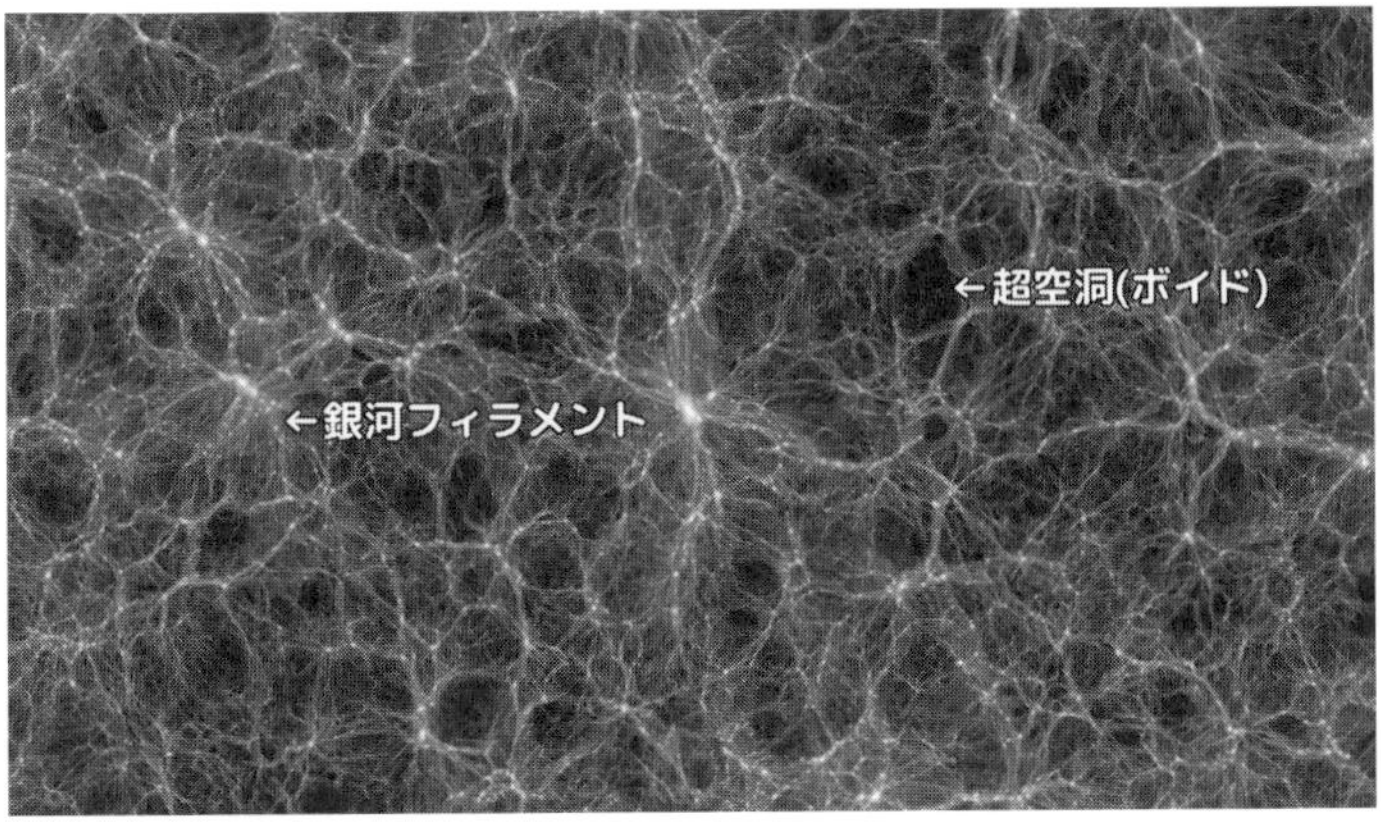

宇宙の大規模構造。Credit：Springel et al.(2005)

ラニアケア超銀河団では直径5億光年を超える広大な範囲に10万個以上もの銀河が存在しており、その総質量は太陽の10京倍とも言われています。

広大な宇宙の中で、私たちの住む天の川銀河の住所を示すのであれば、「ラニアケア超銀河団の中にある、おとめ座超銀河団の中にある、局部銀河群の中にある天の川銀河」という表現になるでしょう。

●宇宙の大規模構造

宇宙を非常にマクロなスケールで見てみると、銀河がたくさん集まった領域と、銀河がほとんど何もない領域ではっきりと分かれており、何もない領域を銀河がたくさんある領域が包み込むような、網目構造が広がっていることがわかります。

銀河がたくさん存在する網の部分は「**銀河フィラメント**」や「**グレートウォール**」と呼ばれ、何も存在しない網目の部分は「**超空洞（ボイド）**」と呼ばれています。ボイドは数億光年単位で巨大な範囲で何もない空間が広がっていることもあります。そしてこのようなマクロな規模での網目構造を、「**宇宙の大規模構造**」と呼んでいます。

●観測可能な宇宙の果てへ

人類が観測できる宇宙には限界があると考えられています。

それは現在の距離で地球から約465億光年のところまでで、つまり観測可能な宇宙は、地球を中心とした直径930億光年の範囲となります。

宇宙は光を超える速度で膨張しているため、非常に遠い場所にはそこから放たれた光が永遠に地球に届かない、観測不可能な領域が存在しているんですね。

宇宙の果てについては次項でより詳しく解説していきます！

結論

宇宙の前では光すら遅すぎる

宇宙の果てはどうなってる？

宇宙ヤバイ

●観測可能な宇宙の果て

一言に「**宇宙の果て**」と言っても、その定義の仕方次第で、複数の「果て」が存在します。主に「**観測可能な宇宙の果て**」と、「**空間的な真の宇宙の果て**」です。

まず紹介するのは、人間が「**観測可能な宇宙の果て**」です。

ここでは、「①現在の地球から見る宇宙の姿」と、「②地球を中心とした現在の実際の宇宙の姿」の2つの画像を使いながら、観測可能な宇宙とは一体何なのかを説明したいと思います。

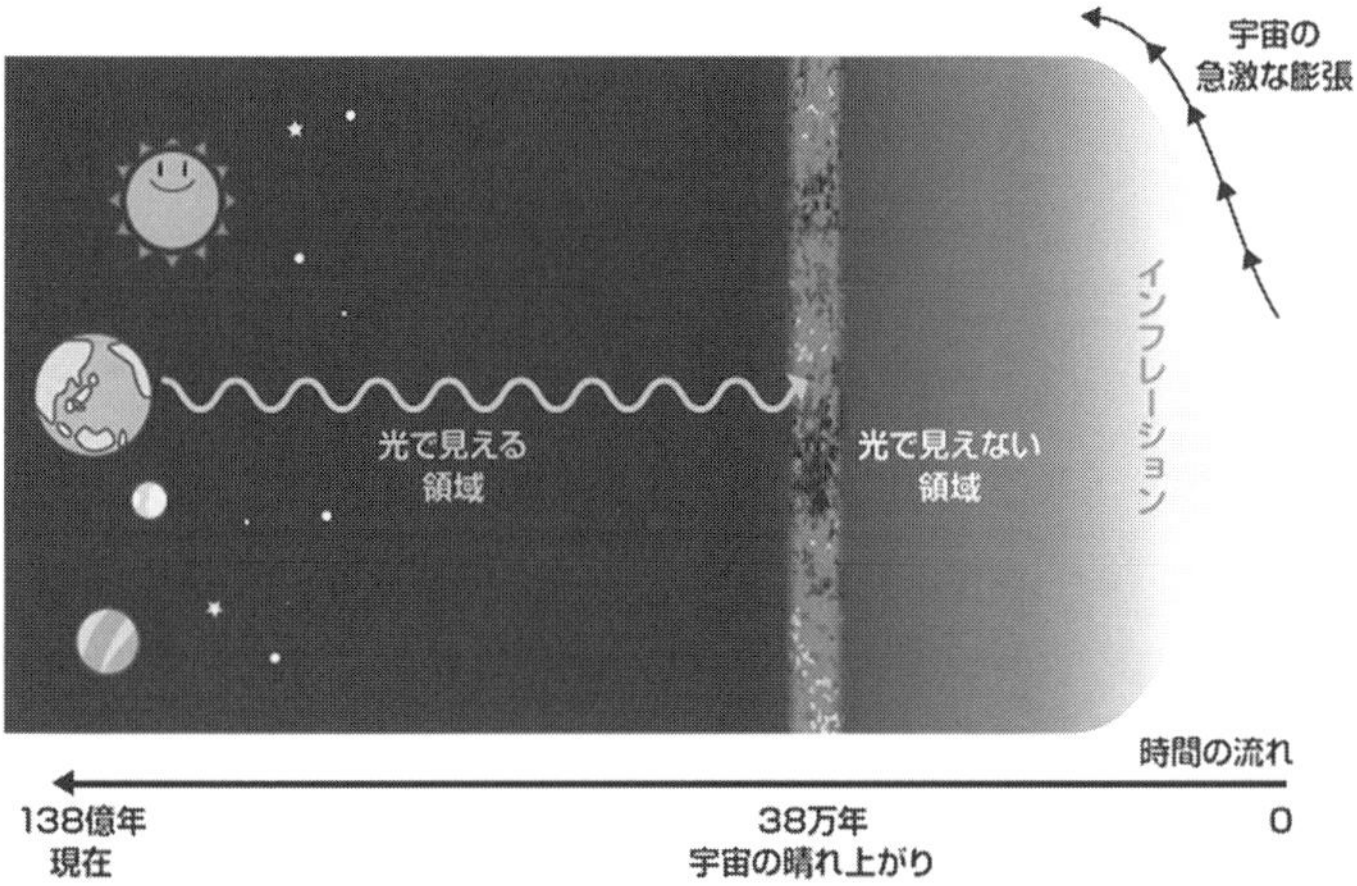

①現在の地球から見る宇宙の姿。Credit：ひっぐすたん、higgstan.com

②地球を中心とした現在の実際の宇宙の姿。Credit：Andrew Z. Colvin

まず前提として、光が伝わる速度をもってしても、到達するのに億年単位の時間がかかるほど宇宙は果てしなく広すぎるので、現在の地球から見える宇宙の姿と、現在の実際の宇宙の姿が異なっています！

たとえば、地球から1億光年（光速で進んで1億年かかる距離）離れた場所で放たれた光を地球で観測できるのは、光が放たれた瞬間から1億年後になります。

逆に言うと、今地球から見ている1億光年彼方からの光は、今から1億年前にその場所から放たれた光です。2億光年彼方なら2億年前ですし、もっと言うと太陽の光も今から8分以上も前に放たれたものです。

つまり、「地球から遠い場所を見れば見るほど過去の宇宙を見ている」ということになり、②の画像のような、現在の宇宙そのままの全体像を見ることはできません。

この性質に加え、さらに遠い宇宙では光の速度を超えるほどの速度で膨張しており、宇宙誕生の瞬間から今までの138億年間でそこからの光が地球に届いていない、現在の地球からは観測不可能な領域が存在しています。

先述のとおり、現在の地球で観測できる光の中でも、古い光ほど長い年月をかけて遥か遠い宇宙から地球にやってきています。したがって、もしも、宇宙最古の光を地球から観測できれば、それが放たれた場所が現在の地球から観測できる宇宙の果てになります。

そして実際に宇宙最古の光は、1964年に観測することに成功していて、「宇宙マイクロ波背景放射」という名前が付けられています！　これは宇宙誕生後わずか38万年後に放たれた光であることが知られています。

この現在の地球から観測できる最古の光を放った宇宙空間は、宇宙の膨張とともにどんどん地球から離れていって、現在は実に465億光年も彼方に位置していると考えられています。

つまり、光で観測可能な宇宙の果ては、現在は地球を中心とした半径465億光年の球面ということになるんですね！

地球から観測できるすべての天体は、この球内に存在することになります。

●空間的な真の宇宙の果て

地球から観測できる宇宙の果ては、現在の距離で地球から465億光年彼方ということですが、これはあくまで地球から見た姿の限界であり、最初に述べたとおり、現在の実際の宇宙の姿とは異なった姿を見ているということになります。

では、**観測可能な宇宙を超えた「全宇宙」**は、現在どれほど遠くまで広がっているのでしょうか？

もはや観測不可能な領域なので、これ以降は正確なことは誰も知ることができず、想像や推測交じりに語られる世界となります！

ですが、実際の宇宙の大きさがたまたま観測可能な宇宙の大きさと等しい可能性は考えにくいですし、実際の宇宙が観測可能な範囲よりも小さいという証拠も見つかっていません。そのため一般的には、この宇宙は観測可能な宇宙を遥かに超えて広がっていると考えられています。

ただし、どれだけ広くても、**「空間的な宇宙の果て」が存在すれば、それがどのようになっているのか、その外側には何があるのか**という問題が出てきます。

残念ながら今のところ、その辺りについてはまったく解明されていません。

あるいは、**宇宙が本当に無限の体積を持っている可能性**もあります。その場合は「空間的な宇宙の果て」というものがそもそも存在しません。

さらには、**体積が有限でも空間的な宇宙の果ては存在しない**かもしれません。地球の表面では永遠に直進し続けられますが、地球の表面積が有限なのと似ています。

宇宙でも、直進すれば同じ場所に戻ってくることができるのかもしれません！

●「宇宙の果て」についてまとめてみると

今回の話をまとめると、**現在の地球から光で観測可能な宇宙の果ては、現在の距離で地球から465億光年の場所にある**と考えられています。

ですが、それらの観測可能な宇宙の果てに、何か壁や膜のようなものがあるわけではなく、普通にその先も空間が続いているだけの可能性が高いです。

これはブラックホールについて、その事象の地平面の内部の情報が絶対にわからないのと似ています。

観測可能な宇宙のその先の空間も、ブラックホールの事象の地平面の内部空間と同様に、誰も情報を知ることができません。

そもそも空間的な宇宙の果てが存在するのかどうかもわかりません。

ただし、**全宇宙が観測可能な宇宙とは比較にならないほど広い可能性は高そう**です！

みなさんは宇宙の果てについてどう考えますか？

結論

目に見える世界がすべてだと思うべからず

第2章

宇宙の過去と未来

宇宙が誕生したのは、今から
約138億年前のことであると考えられています。
宇宙誕生以前のことは、
現代の物理学をもってしても
わからないことだらけ。
この章では、そんな宇宙の誕生から、
現在を超え、未来の姿まで見通します。

ビッグバンから地球誕生まで！宇宙の歴史まとめ

宇宙ヤバイ

●宇宙の誕生

この宇宙が誕生したのは、今から約１３８億年前のことであると考えられています。かつての宇宙は非常に小さく、高温な火の玉のような状態だったと考えられています。

宇宙誕生以前については、物質だけでなく空間や時間という概念も存在しない完全な「無」の世界が広がっていたと言われたり、終わりと始まりが永遠に繰り返されているといわれたりなど、様々な説があります。

宇宙誕生以前のことは、現代の物理学をもってしてもわからないことだらけです。

宇宙誕生の瞬間の直後、この宇宙は「インフレーション」という急激な空間の膨張を経験したと考えられています。

その後、膨大な熱が生じ、宇宙は超高温の火の玉のような状態となりました。この火の玉のような状態の宇宙のことを「**ビッグバン**」と呼びます。

誕生直後の宇宙は想像を絶するほど高温だったため、物質はお互いが結びつくことなく、クォークや電子、さらに光子など、素粒子（＝これ以上分解できない最小単位の粒子）単位で独立して存在していたようです。

●陽子・中性子の誕生

宇宙が急激に膨張するにつれ温度が下がっていき、宇宙誕生から1万分の1秒後に温度が1兆度程度になった頃には、素粒子であるクォーク同士が強い力で結びつき、クォークが3つ集まって陽子と中性子が誕生したと考えられています。

●原子核の誕生

宇宙誕生の瞬間から約3分後には、陽子や中性子同士が結びついて、原子核が形成されたと考えられています。

ただし、まだ数多くの陽子や中性子が結びつくことは珍しく、水素原子核やヘリウム原子核など、陽子も中性子も数が少ない単純な構造の原子核がほとんどでした。

●原子の誕生（宇宙の晴れ上がり）

宇宙誕生から約38万年後、宇宙の温度が３０００度程度になった頃には、電子が原子核と電気的に結びつくようになり、原子核の周囲に存在するようになります。これが一般的な原子という構造の始まりです。

光子と電子は相互作用を起こすため、電子が原子核と結びつく前に宇宙空間を自由に飛び回っていた頃は、光は直進することができなかったと考えられています。そのため宇宙空間全体が雲の中のように視界が開けていない状態でした。

ですが、原子核と電子が結びつくことで光がやっと直進できるようになり、現在のような視界が開けた宇宙になったと考えられています。

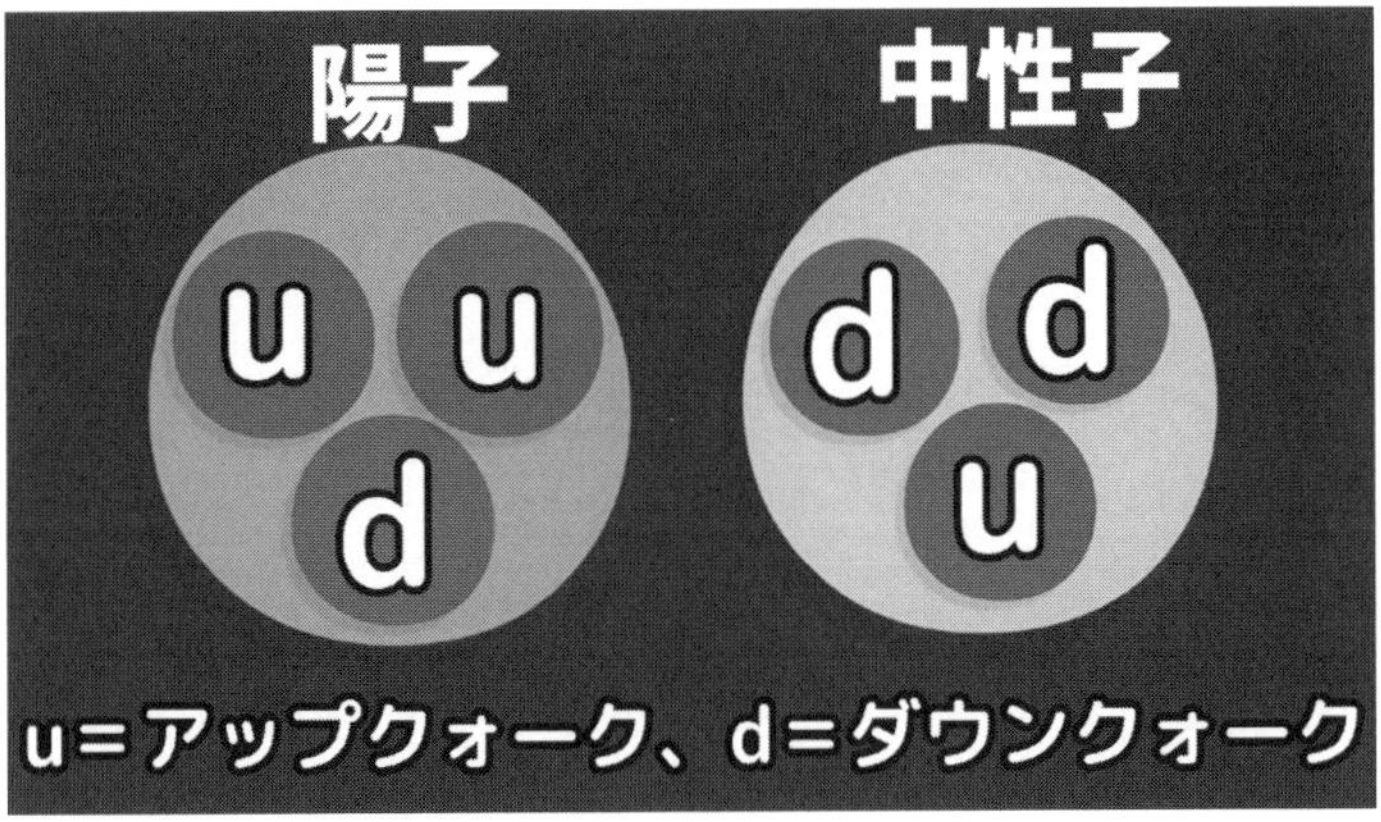

陽子と中性子の内部構造。陽子は「アップクォーク」と呼ばれるクォークが２つと「ダウンクォーク」と呼ばれるクォークが１つ、中性子はアップクォークが１つとダウンクォークが２つ集まってできていると考えられている。

そのことから、宇宙誕生から約38万年後に原子核と電子が結びつき、視界が開けるようになった瞬間のことを、「**宇宙の晴れ上がり**」と呼んでいます。

ちなみに、この宇宙の晴れ上がりの瞬間に宇宙を直進するようになった最古の光は、「宇宙マイクロ波背景放射」として、実際に観測することに成功していましたね（本書49ページを参照）。

この宇宙背景放射の観測によって、宇宙は最初小さな火の玉から始まったとするビッグバン宇宙論が広く支持されることとなりました。

●最初の恒星・銀河の誕生

宇宙が晴れ上がってからしばらくすると宇宙の温度も下がり、真っ暗で寂しい宇宙が続きます。恒星のような高温のために可視光を放って輝くものは何もないのです。この長く暗い期間を「**暗黒時代**」と呼びます。

そんな中、水素やヘリウムなどで構成されるガスは、当初はほぼ均質に存在していたものの、万有引力によって物質の密度が微妙に高い所ではさらに物質が集まり、徐々に宇宙における物質の密度のムラが大きくなっていきました。

ガスが高密度に集まった地点の温度と圧力は徐々に高まっていき、そして宇宙が誕生してから約3億年も経過したころ、高密度で高温、高圧となった場所でついに核融合反応が起こり、恒星としての一生が始まります。

そこでようやく宇宙に光が照らされ、暗黒時代が終わったというわけですね！

この最初の世代の恒星は「**ファーストスター**」と呼ばれていて、現在世界中の科学者が宇宙の歴史を確かめるためにファーストスターを発見しようと試みています。

そしてさらにほぼ同時期に、恒星が集まった大集団である銀河も誕生したと考えられています。

私たちの太陽系が属する天の川銀河の元となった銀河も、非常に初期から存在していて、たくさんの銀河との衝突を繰り返して、現在のような巨大な銀河に成長したようです。

これから観測技術がさらに進歩していけば、ファーストスターやファーストギャラクシー（？）もいずれは発見されることでしょう！

●太陽系と地球の誕生

太陽系が誕生したのは**今から約46億年前、宇宙誕生後約92億年が経過した頃**だとされています。

太陽の寿命は120億年ほどと言われているので、現在の太陽の年齢は寿命の中盤あたりになります。生まれたての太陽の周囲には大量のガスや塵が円盤状に集まった「原始惑星系円盤」という構造がありました。この円盤内で物質同士がぶつかり合い、お互い重力で引きあうことで、地球を含むいくつもの惑星や小天体たちが形成されました。

地球という惑星が偶然の連続で現在のような生命に適した環境を持つに至ったこと、さらにはそんな地球のような天体が存在できるような宇宙が誕生し、進化したことなど、本当にいくつもの奇跡が積み重なったからこそ、今この瞬間私たちが生きていられるのです。

結論

もう、ただ生きてるだけで尊いよね

全部バッドエンド!?「宇宙の終焉」がヤバイ

宇宙ヤバイ

●宇宙の始まり

20世紀の初頭までは、この宇宙には始まりも終わりもなく、膨張も収縮もしないという考えが主流でした。

そんな中、1910年代に一般相対性理論が発表されてからは、宇宙が膨張や収縮をしている可能性が示されました。そして1920年代には、地球から遠方の天体ほど、距離に比例して速い速度で地球から遠ざかっていることが明らかになり、このことから宇宙は膨張していることが判明しました。

それに加えて1960年代には、宇宙がかつて高温高密度の状態であったことの証拠となる、宇宙背景放射を実際に観測することに成功し、宇宙に始まりがあることを証明しました。宇宙の誕生や進化の仕方を説明する理論として現在主流となっている「**ビッグバン宇宙論**」は、宇宙は始まりがあり、膨張や収縮を起こしているという、これまでの観測事実を踏まえた理論です。

●宇宙の終焉

宇宙に始まりがあるとしたら、当然終わりもありそうです。宇宙の終わり方を考える要素として、今後宇宙の膨張がどのように変化していくかが重要になります。

そもそも現在の加速している宇宙の膨張を説明するには、宇宙を外に広げる方向に何らかの力（斥力）が働いていると考える必要があります。この斥力の源は「**ダークエネルギー**」と呼ばれていて、その正体は全くもって不明です。

そして、この宇宙にある物質は、宇宙の膨張を止める方向に重力を働かせているはずです。今後の宇宙がどうなっていくのかは、このダークエネルギーによる斥力と、物質の重力の力比べによって決まる可能性が高いと考えられています。

物質の重力がダークエネルギーに勝ると、宇宙が膨張する速度は徐々に遅くなり、ついには収縮に転じ、最終的に宇宙は再び一点に集まると考えられています。つまりビッグバンとまったく逆のことが起きるというわけですね！　このような終焉は「**ビッグクランチ**」と呼ばれています。ビッグクランチが起こる場合、この宇宙はビッグバンとビッグクランチが永遠にループしていると捉える、「**サイクリック宇宙論**」という理論もあります。ただし、宇宙が膨張してゆくにつれ、物質同士が離れて重力が徐々に弱くなるのに対して、ダークエネルギーは現在の観測では膨張によって変化しないと考えられているため、今後重力がダークエネルギーに勝り、宇宙膨張が収縮に転じてビッグクランチが起こる可能性は低いとされています。

もし今後ダークエネルギーの性質が時間とともに変化しなければ、宇宙膨張は物質の重力を振り切ってどんどん加速し、永遠に膨張し続けると考えられています。このような場合、宇宙は一定のペースで膨張を続けた末に、ひたすらに広く、冷たく、他の物質との相互作用を起こさないような宇宙になるという終焉を迎えます。このような終焉を「**ビッグチル**」と呼びます。最近の観測によると、この宇宙では、ダークエネルギーは時間により変化せず、重力は宇宙膨張を収縮に転じさせるほど強くない可能性が高いことがわかっているため、このビッグチルの終焉が有力となっています。

このような予想とは裏腹に、ダークエネルギーが今後時間とともに増大するような

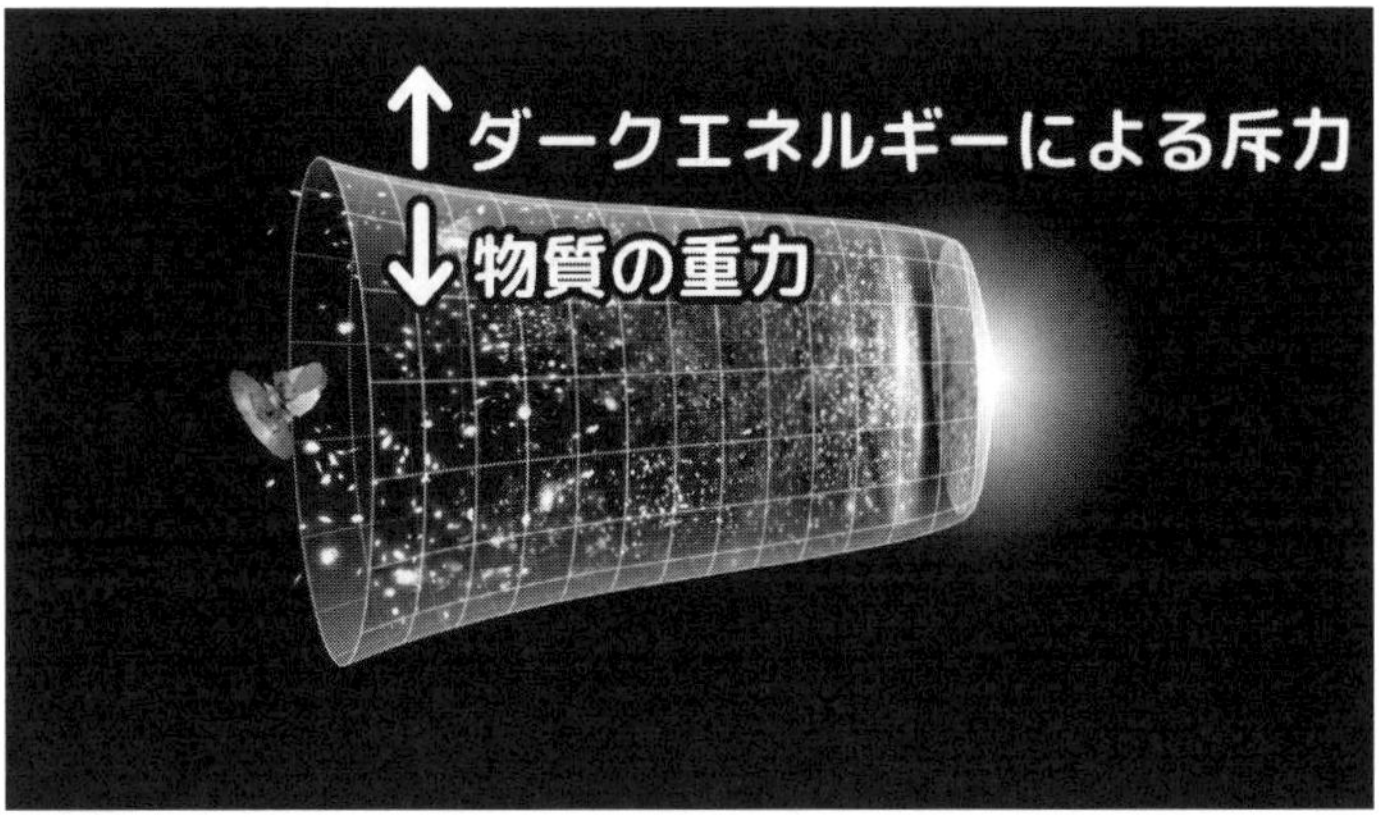

宇宙の未来は、ダークエネルギーによる斥力と物質の重力の力比べによって決まる可能性が高いと考えられている。Credit：NASA/WMAP Science Team

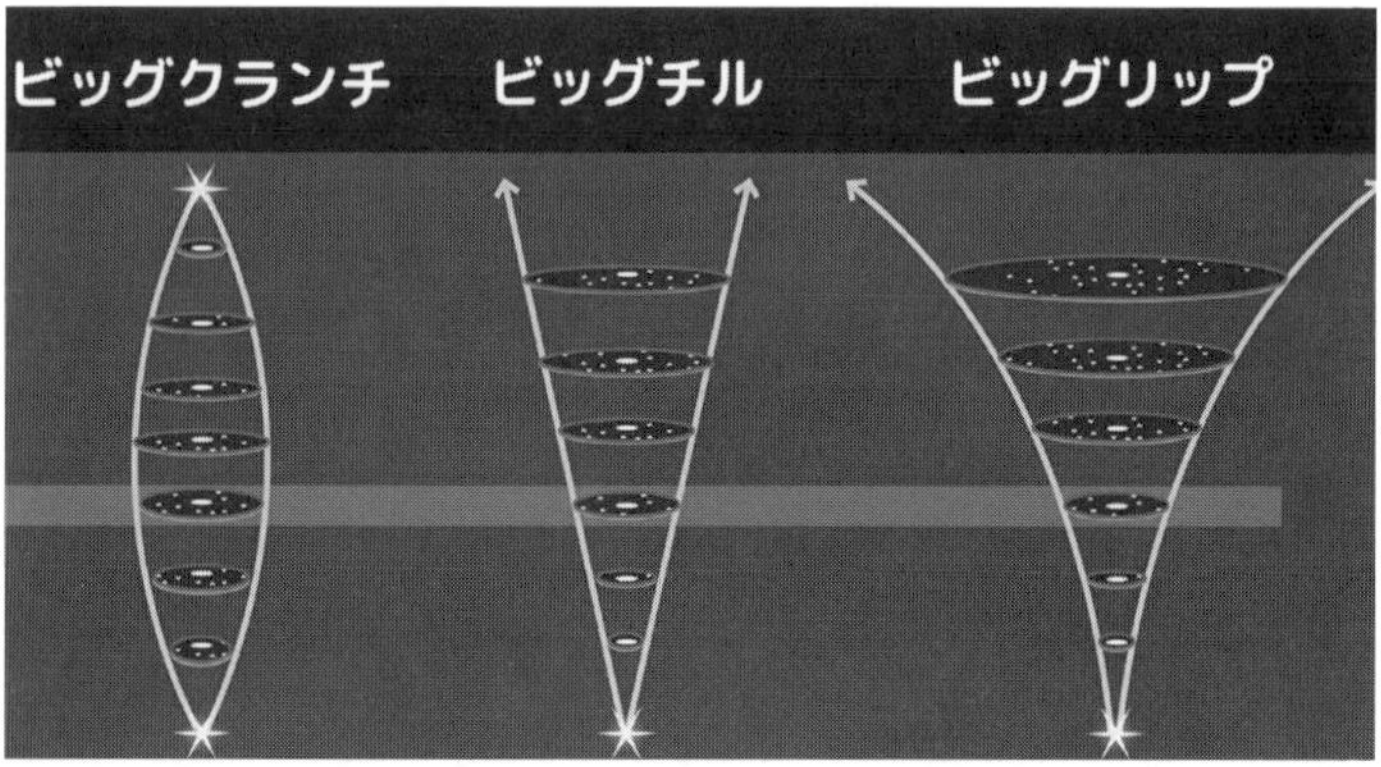

宇宙の終焉は大きく分けて３つのパターンが考えられる。Credit：design und mehr

ことが起きる場合、宇宙は最悪のシナリオを迎えます。このような宇宙は、ダークエネルギーが時間により変化しないときよりも遥かに大きい加速膨張を続け、宇宙を構成すると言われている「重力」「弱い力」「電磁気力」「強い力」という4つの力すべてが、宇宙膨張の斥力に対抗できなくなってしまいます。

こうなると銀河や惑星系が形を維持できなくなり、その後単体の恒星や惑星などの天体、さらには生命体を形作る結合も引き剥がされ、最終的には原子や素粒子単位で独立して存在するようになってしまいます。

このような加速する膨張によってすべての結合が維持できなくなりバラバラになるような宇宙の終焉は、「**ビッグリップ**」と呼ばれています。

結論

宇宙の終焉にハッピーエンドはなさそう……

宇宙で今後1グーゴル年以内に起こることがヤバすぎる

●ん？　グーゴル？

「**グーゴル**（Googol）」。多くの方にとって、なじみのない言葉かもしれません。

これはズバリ、数の単位なのですが、どういった数かと言うと、**10の100乗**という値です。1の後に0が100個並ぶ、とてつもなく巨大な数です。

「無《む》量《りょう》大数《たいすう》」という日本語で一番大きな単位が10の68乗なので、さらにそれよりも大きい数……。

超大手IT企業の「グーグル（Google）」の名前も、この巨大な単位から来ています。

仮に宇宙の終焉がビッグチルの場合で、さらに（詳しい説明は避けますが）陽子が崩壊しない場合、これだけ想像を絶する遠い未来にも、この宇宙は存在している可能性があります。

その場合、それだけ人類が想像もできないようなはるか未来で、この宇宙では何が起きるのかを紹介していきます！

●だいたい数10万年以内――ベテルギウス爆発

まずは、だいたい数10万年以内に起こると言われている**ベテルギウスの爆発**です。

ベテルギウスは現在でも、「いつ爆発してもおかしくない」と言われていますが、宇宙レベルでは確かにそのとおりでも、人間にとっては「爆発するする詐欺《さぎ》」でしかありません！

最近の研究によると、少なくとも10万年経たないとベテルギウスの爆発は見れないかも……。

●だいたい4000万年以内――火星の衛星フォボスが火星と衝突

次は、だいたい4000万年以内のお話です。

火星には、**フォボス**と**ダイモス**という2つの衛星が存在します。

その中でも**衛星フォボスは、今からだいたい4000万年以内には火星に近づきすぎて、**潮汐力《ちょうせきりょく》で粉々に砕かれるのでは、と言われています。

火星に近い面と遠い面で受ける重力に差が生じるのですが、この重力の差を潮汐力と言います！

粉々になってしまったフォボスは、火星を取り巻くリングとなるとも言われています！

だいたい4000万年以内に、火星の衛星は1つ消滅してしまうんですね……。

●だいたい1億年以内——土星のリングが消滅

そして、今からだいたい1億年以内ですが、土星のリングが消滅するのでは、とされています。

非常に美しい土星のリングですが、その美しさは永遠ではなく、今たまたま美しい状態を保っているだけなんですね。

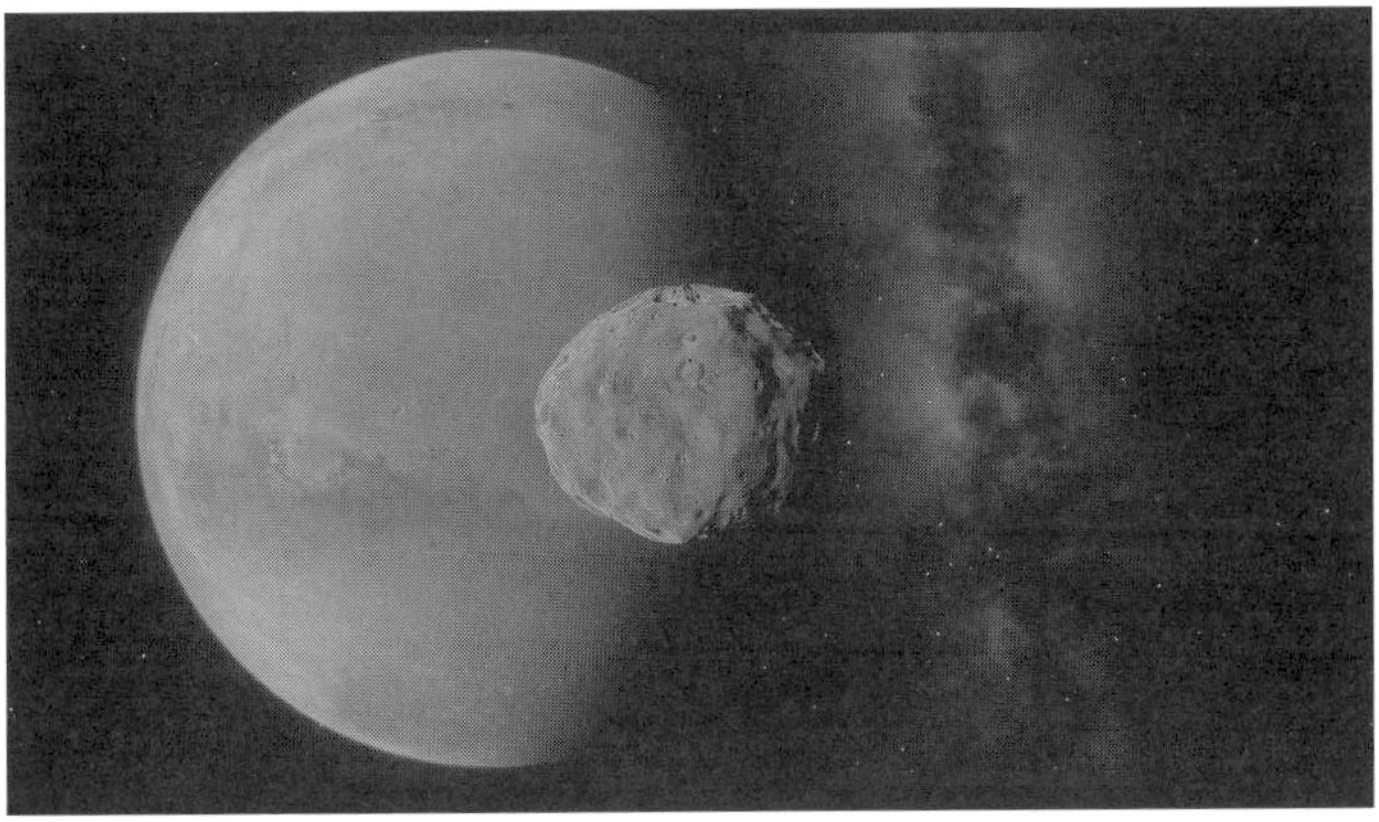

火星とその衛星フォボス。Credit：Space Engine

リングを構成する物質は徐々に土星に落ちていることが知られており、観測された
ペースから計算すると今から1億年くらい経てばリングは消滅してしまうと考えられています！

●だいたい2・5億年以内——太陽系が天の川を一周

続いては、今からだいたい2・5億年以内のお話です。

地球などの惑星が太陽の周りを公転しているように、**太陽系全体も天の川銀河の周りを公転**しています。

公転周期は約2・5億年と考えられているので、それくらい経てば**大体今いる位置に戻ってくる**ということに！

●だいたい36億年以内——海王星の衛星トリトンが消滅

さらに、だいたい36億年以内のお話。

火星の衛星フォボスと同様に、**海王星の衛星トリトン**も今から**だいたい36億年以内には主星の海王星に近づきすぎて、粉々に砕かれてリングになってしまう**とされています……。

フォボスは直径27キロメートル程度と小さい衛星でしたが、トリトンは直径270キロ程度もあるので、形成されるリングの規模も桁違いと考えられています！

●だいたい45億年以内――天の川銀河とアンドロメダ銀河が衝突

そして、今から**だいたい45億年以内には、天の川銀河とアンドロメダ銀河の円盤部同士が衝突を開始する**とされています！

天の川銀河から250万光年ほど離れた位置にあるアンドロメダ銀河は、今も天の川銀河に近づいてきています。

今の速度と距離から計算すると、45億年後くらいには、これらの銀河の円盤部同士は衝突する運命にあるとか！

その頃は今のような環境の地球は存在しないと考えられますが、もし存在していたとしたら、その頃の夜空は75ページの図のようになり、非常に美しい光景が見えるそう。

銀河を構成する恒星の分布というのは、ものすごい密度がスカスカで、よく、「**太平洋にスイカが数個浮かんでいる程度の密度でしかない**」とたとえられます。

ですので、銀河が衝突すると言っても、**恒星同士が直接ぶつかるようなことはほとんどありません**。今から45億年生きることができれば、地球とは別の星かもしれないですが、この景色を割と安全な状態で見ることができるかもしれませんね。

●だいたい80億年以内──太陽が寿命を迎え白色矮星に

さらに、**だいたい80億年以内に太陽が生涯を終える**と言われています。

太陽の寿命は120億年程度、現在の年齢は46億歳と考えられているので、**あとだいたい80億年もすれば一生を終え、白色矮星という高密度の燃えカス天体**となります。

その過程で太陽は膨張し、現在の200倍の半径にまで膨れ上がり、地球は飲み込まれるか、回避しても火の海となってしまいます。

アンドロメダ銀河との衝突直前にも今のような環境の地球が存在したら、そこからの夜空はこのように見えるそうです。Credit：NASA; ESA; Z. Levay and R. van der Marel, STScI; T. Hallas; and A. Mellinger

●だいたい1500億年後——ローカルグループより遠い世界から新たな光が届かなくなる

さて、続いてはだいたい1000億年以内のお話ですが、**ローカルグループより遠い世界から新たな光が届かなくなる**と言われています。

天の川銀河やアンドロメダ銀河を含む近所の銀河は、**局部銀河群(ローカルグループ)**という重力的に拘束し合った銀河の集団に属しています。

ローカルグループより遠い天体は重力的に拘束し合っておらず、さらに宇宙は加速膨張しているため、徐々にローカルグループから遠ざかっていくことがわかっています。

そして、**天体があるところまで遠ざかると、それ以降にその天体が放った光が地球に届かなくなります。**

今からだいたい1500億年後には、ローカルグループより遠くの世界の新たな情報が得られなくなってしまうのです。

●だいたい10数兆年以内――今ある星が全滅

続いては、今からだいたい10数兆年以内のお話です。

恒星の寿命はその質量が小さいほど長くなります。恒星は質量ごとにいくつかの分類があり、中でも**最も質量が小さく寿命が長い恒星を、「赤色矮星」**という風に分類しています。

そんな赤色矮星が寿命を迎えるのは、今から数兆~10数兆年程度経過した遥か遠い未来と考えられています。

つまりそれくらい経過すると、今私たちが見ている恒星はすべて寿命を迎えてしまうということに……。

●だいたい100兆年以内――恒星がなくなる

そして、だいたい100兆年以内のお話です。

恒星はガスの密度が高くなった場所に誕生しますが、新たに恒星が誕生したり、ブラックホールに飲み込まれたりすることで、星の元となるガスの量が単純に減るうえ、宇宙の膨張もあいまってガスの密度が下がるため、徐々に恒星は生まれにくくなっていきます。

今からだいたい100兆年も経過すれば、最後に誕生した恒星も寿命を迎え、ついにはこの宇宙に恒星が存在しなくなり、宇宙は一気に輝きを失ってしまうことになりますが、白色矮星や中性子星が残るため、完全な闇ではありません。

●だいたい1000兆年以内——太陽が黒色矮星に

続いては、だいたい1000兆年以内のお話です。

恒星が失われた宇宙で輝く天体は、太陽を含むほとんどの恒星の成れの果てである白色矮星や、超高密度天体である中性子星くらいになってしまいました。

ただし、これらの天体は恒星とは異なり、自ら核融合反応でエネルギーを生み出しているわけではないため、徐々に冷えていきます。そして、今からだいたい1000兆年以内には太陽を含むあらゆる白色矮星が熱を失い、輝きを放たない黒色矮星へと変貌。その後さらに長い年月をかけて中性子星も輝きを失い、真に真っ暗な世界が訪れると考えられています。

●だいたい1グーゴル年以内——宇宙最大のブラックホール消滅

宇宙に残るのは一切の光を放たず物質を飲み込み続けるブラックホールのみ。黒色矮星などあらゆる天体もすでに飲み込まれてしまっています。

そんなブラックホールも、実は「**ホーキング放射**」という現象で蒸発し、徐々に質量を落としていると考えられています。

ブラックホールが蒸発して消滅するまでには、想像を絶するほど長い年月が必要になります。また、その時間はブラックホールが重く大きいほどさらに長くなります。

たとえば、太陽の数倍程度の質量しかない、最小クラスのブラックホールでも、10の60乗年くらいかかります！　そして今から約10の100乗年後、つまりだいたい1グーゴル年後には、超巨大なブラックホールを含む、宇宙に存在するすべてのブラックホールが消滅してしまうそうです。

いかがでしたか？

この宇宙はこれからもずっと続くと考えられていますが、徐々に何もない寂しい世界へと変わっていくことがわかったかと思います。

結局は**今この瞬間の宇宙が一番美しい**のです。

ぜひ生きているうちに、この一番美しい宇宙を思う存分楽しんでいきましょう!

結論

宇宙は今が一番美しい!

第３章

色々な天体を比べてみよう!

この章では、宇宙に実在する様々な天体を、
「大きさ」「温度」「速度」という
３つの観点から比較していきます。
比較の際に出てきた天体の中でも、
目立った特徴を持った天体について、
さらに深く掘り下げていきます。

天体の大きさを比べてみよう！

宇宙ヤバイ

宇宙には大小さまざまな天体があります。有名な天体たちを、小さいものから順に比較していきましょう！　なお、ジャガイモのようにいびつな形状の天体については、中心からの距離が最も長い半径である「長半径」を記載しています。

●小さいものから比較してみると

●イトカワ／長半径0・16㎞、リュウグウ／長半径0・45㎞

日本の探査機「はやぶさ」が調査を行った小惑星は、長半径が１㎞にも満たない小さな天体です。

●ダイモス／長半径6・3㎞、フォボス／長半径11・1㎞

ダイモスとフォボスはどちらも火星の衛星です。

●理論上最小のブラックホール／半径約9㎞

太陽の30倍よりも大きい質量を持った超大質量の恒星がその一生を終えて超新星爆発を起こした後、中心部にはブラックホールが残ります。ブラックホールは周囲の物質を飲み込んだり、他のブラックホールと合体するなどして成長するため、その質量はピンキリです。大質量の恒星の死とともに形成されたブラックホールの質量の理論上の下限値は、太陽の3倍程度であると考えられていますが、その事象の地平面の半径はたったの9㎞ほどしかありません！

●中性子星／半径10～15㎞

質量が太陽の8～30倍程度の質量を持った恒星が一生を終えて超新星爆発を起こした後、中心部に残る天体である中性子星は、半径10～15㎞と天体にしては小柄ながらも、地球の50万倍程度の質量を持っている、ブラックホールに次ぐ超高密度天体です！

●エンケラドス／半径252km

土星の衛星エンケラドスは、生命が存在する可能性が比較的高い天体として非常に有名です。

●マケマケ／半径720km、冥王星／半径1190km

準惑星のマケマケ、そして同じく準惑星の冥王星です！　準惑星は惑星ほどではないものの、自身の重力によって球形を保つには十分な質量を持つ天体です。

●冥王星より巨大な衛星たち

太陽系で大きい衛星第6位の木星の衛星エウロパの半径は1560km、第5位の地球の衛星月の半径は1737km、4位の木星の衛星イオの半径は1818km、そして3位の同じく木星の衛星カリストの半径は2408kmとなっています。

どれも**衛星でなければ惑星だった可能性もあるほどの巨大さ**です！

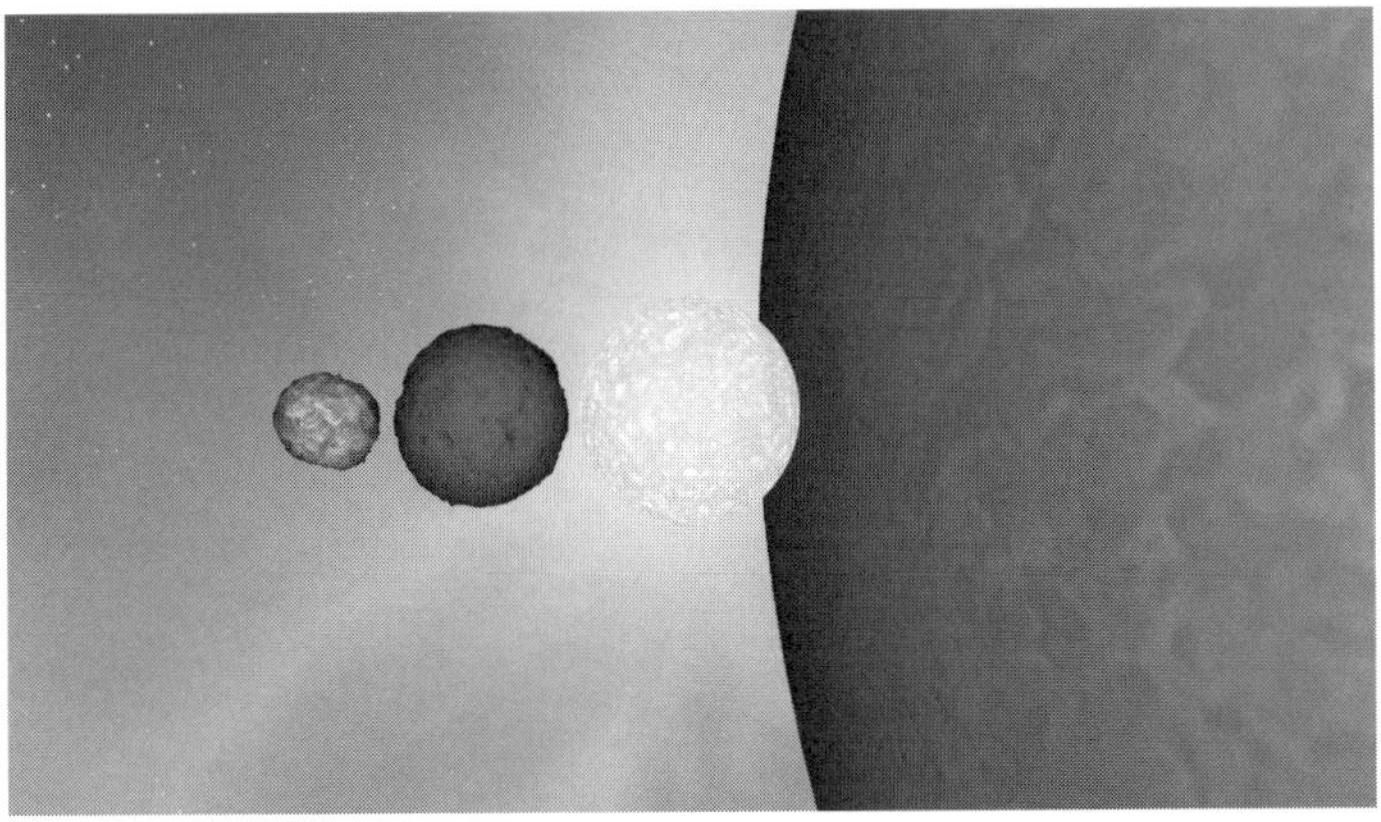

天体の大きさ比較。左からダイモス、フォボス、中性子星、エンケラドス。Credit：Universe Sandbox 2

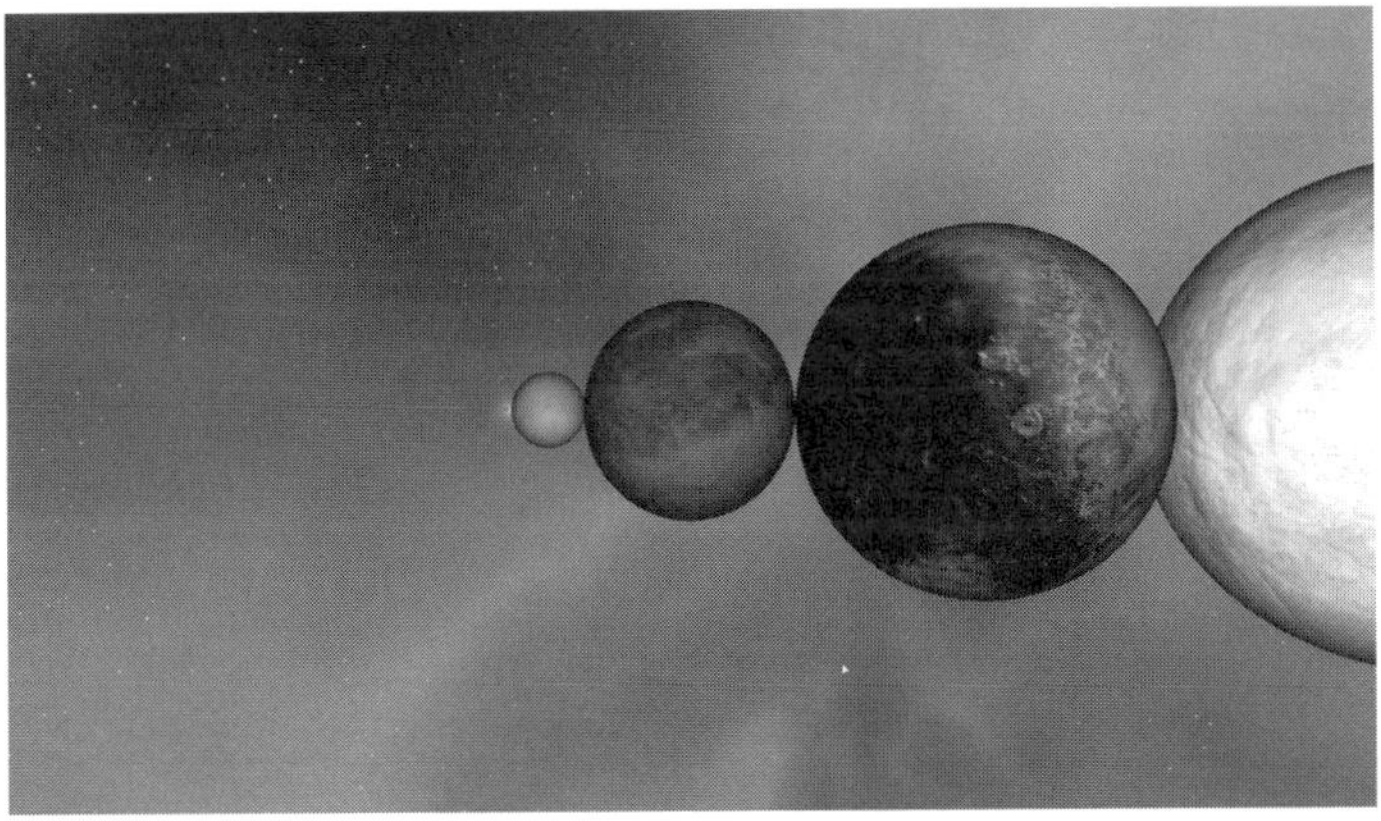

左からエンケラドス、マケマケ、冥王星、右端の半分見切れている天体がエウロパ。Credit：Universe Sandbox 2

●水星より巨大な衛星たち

太陽系で大きい衛星第2位の土星の衛星タイタンの半径は約2576kmで、第1位のガニメデは約2631kmです。これらの2つの衛星だけは、惑星である半径2439kmの水星よりも大きいことが知られています！

●岩石惑星サイズの天体

惑星である火星の半径は3390km、金星の半径は6052km、地球の半径は6371kmです。太陽の8倍未満の質量を持つ恒星が、寿命を迎えた後に進化する、白色矮星という天体の代表格である「シリウスB」は半径が約6000kmと小柄ですが、**質量は地球の30万倍ほど**あります！　これは恒星の中でも中規模の太陽の質量（地球の約33万倍）に相当するものです。

●ガス惑星サイズの天体たち

太陽系のガス惑星の半径は、海王星が2万4622km、天王星が2万5362km、

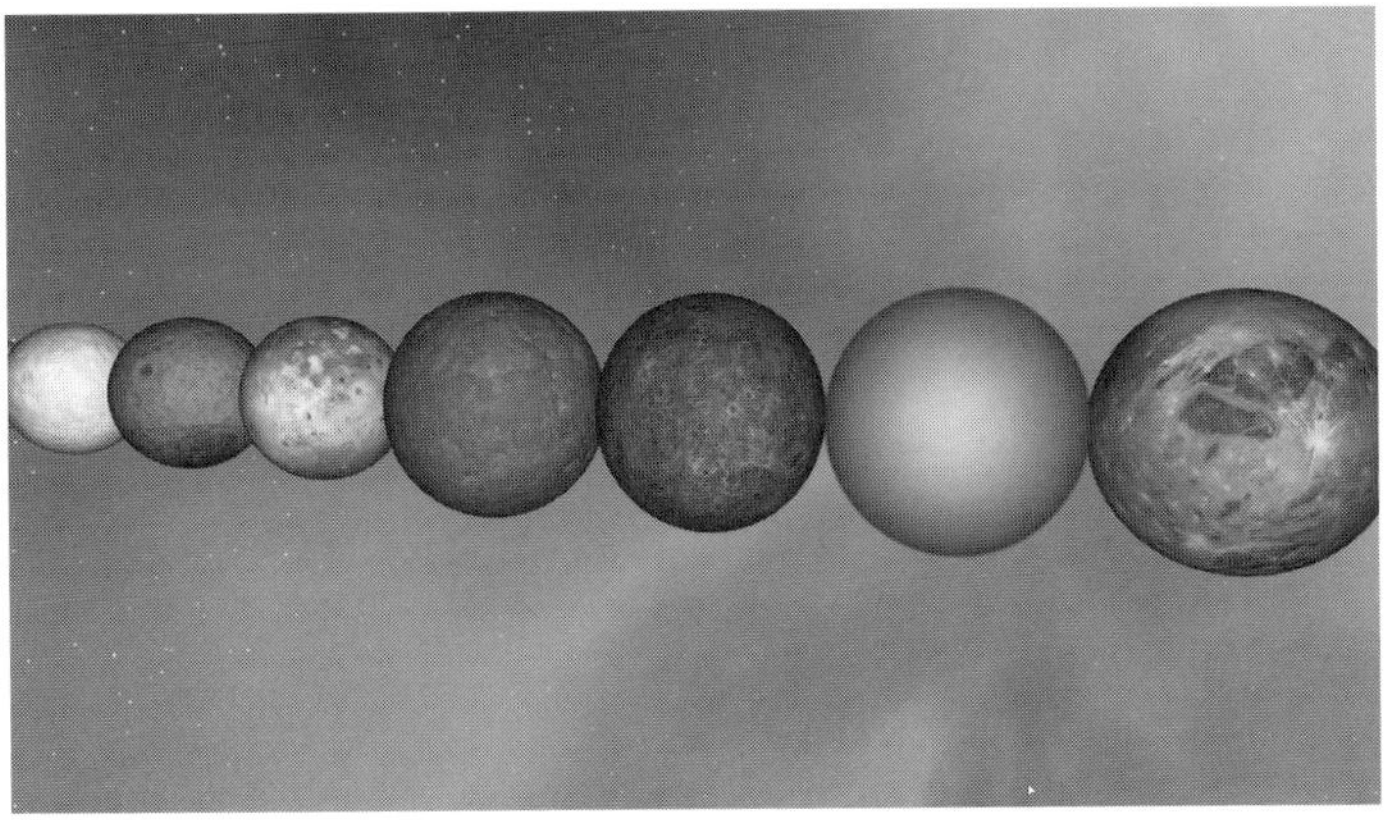

左からエウロパ、月、イオ、カリスト、水星、タイタン、ガニメデ。
Credit：Universe Sandbox 2

左端の半分見切れている天体がガニメデ、その右に火星、シリウスB、金星、地球、海王星と続く。Credit：Universe Sandbox 2

土星が5万8232㎞、木星が6万9911㎞となっています。

観測史上最小の恒星「EBLM J0555-57Ab」の半径は約6万㎞と推定されているので、木星より小さいことになります！　ちなみに土星のリングには様々な構造があり、中でも「E環」と呼ばれる環まで含めると、その半径は約30万㎞となります。

●太陽／半径69万5700㎞、シリウスA／太陽半径の1・7倍

我らが太陽系の主である太陽の半径は、約70万㎞もあります。どの惑星より圧倒的に大きく、質量も地球の33万倍あり、太陽系にある小さな天体を含めたすべての天体の総質量のうち太陽だけで99・9%ほどを占めているそうです！

そして**これから出てくる天体は大きすぎて㎞では実感しにくくなってしまう**ため、「太陽半径の○○倍」という単位で紹介していくことにします。地球から最も明るく見える恒星シリウスAは、太陽の1・7倍の半径を持っています。

●いて座A*／太陽半径の約18倍

太陽系を含む1000～4000億もの惑星系が属する天の川銀河の中心部に潜む

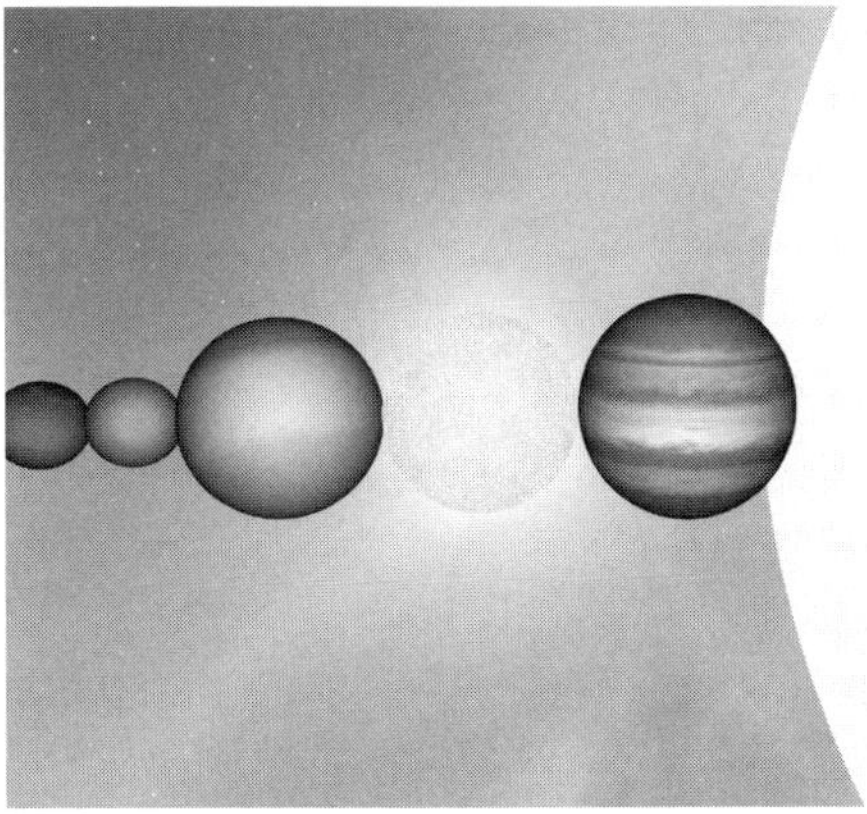

左から海王星、天王星、土星、EBLM J0555-57Ab、木星、太陽。Credit：Universe Sandbox 2

左端の半分見切れた小さな天体が木星、その右に太陽、シリウス、R136a1と続く。Credit：Universe Sandbox 2

超大質量ブラックホールいて座A*の事象の地平面の半径は、太陽の18倍程度となります。大きさは恒星の中でもそこそこですが、その質量は異次元で、実に太陽の430万倍もあると考えられていますｌ

●太陽の数十倍大きな恒星

太陽を除いて、地球からシリウスに次いで2番目に明るく見える恒星、カノープスの半径は太陽の71倍、オリオン座β星リゲルの半径は太陽の78倍です。質量が太陽の320倍と観測史上最大で、エネルギーも太陽の800万倍と最強恒星の筆頭候補であるR136a1の半径は太陽の30倍程度なので他の巨大星と比べるとそこそこですが、表面温度は5万4000℃ほどと異次元の高温となっています！

●J1407bのリング／太陽半径の約85倍

J1407bという天体の持つリングについては、のちほど詳しく解説します。

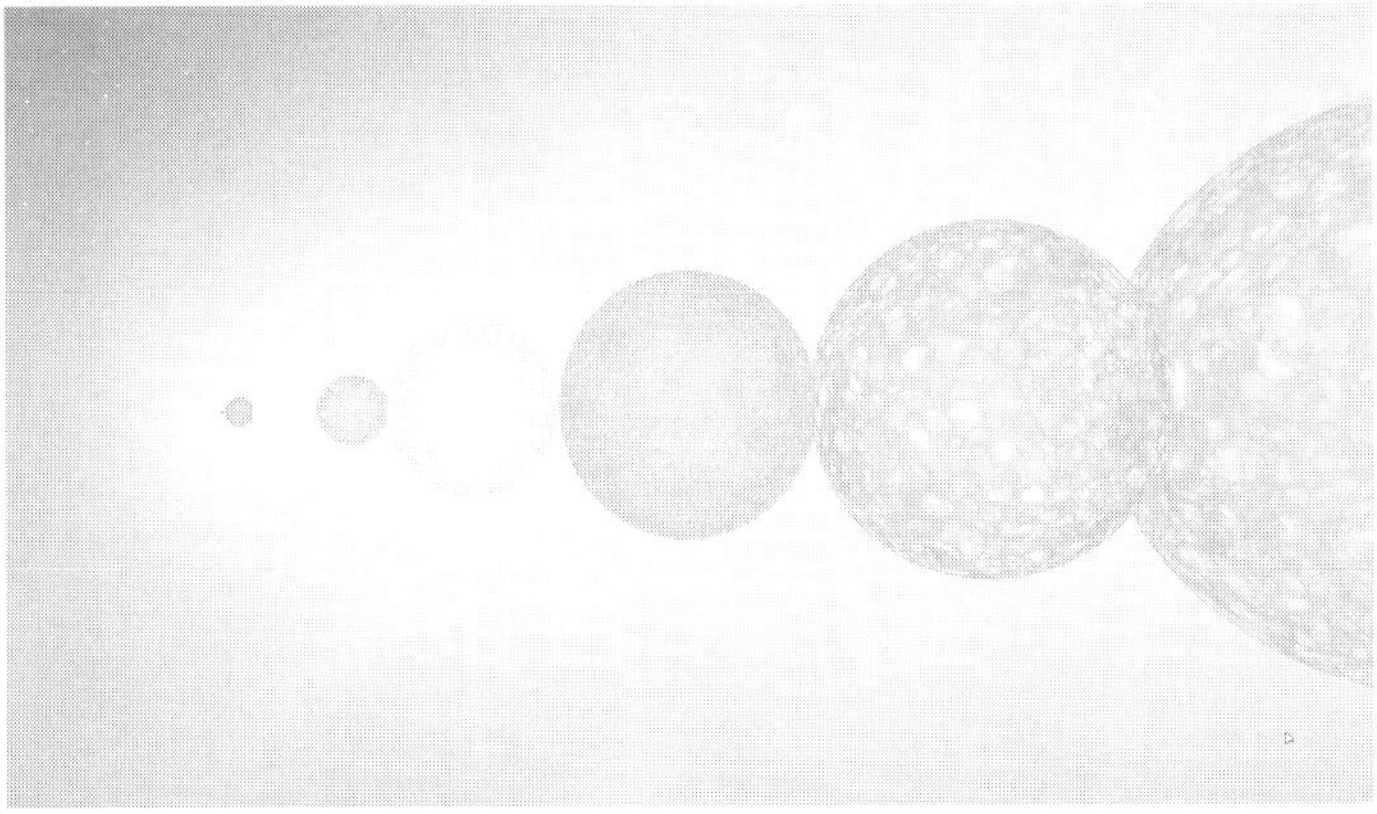

左からR136a1、カノープス、リゲル、デネブ、ピストルスター、りゅうこつ座η星A、ベテルギウス。Credit：Universe Sandbox 2

●太陽の数百倍以上大きな恒星

はくちょう座α星のデネブ、ピストルスター、りゅうこつ座η星Aは、表面が1万℃弱〜2万℃程度と高温ながらも、それぞれ太陽半径の200倍、300倍、400倍程度も大きく、天の川銀河内でも最大級のエネルギーを放ちます。

さらに、オリオン座α星のベテルギウスは太陽半径の約750倍、観測史上最大の恒星であるスティーブンソン2-18は約2150倍にもなると考えられています。ベテルギウスやスティーブンソン2-18も分類される赤色超巨星は、恒星の大きさランキングで上位独占の、最も巨大な星の分類です。赤色超巨星や、最大の恒星については、後ほどより詳細に解説したいと思います。

●M87ブラックホール／太陽半径の約3万倍

2019年4月に人類史上初めて直接観測に成功したと発表され大きな話題を呼んだM87銀河の中心のブラックホールは、質量が太陽のなんと65億倍、いて座A*の1500倍もある超々巨大ブラックホールです！

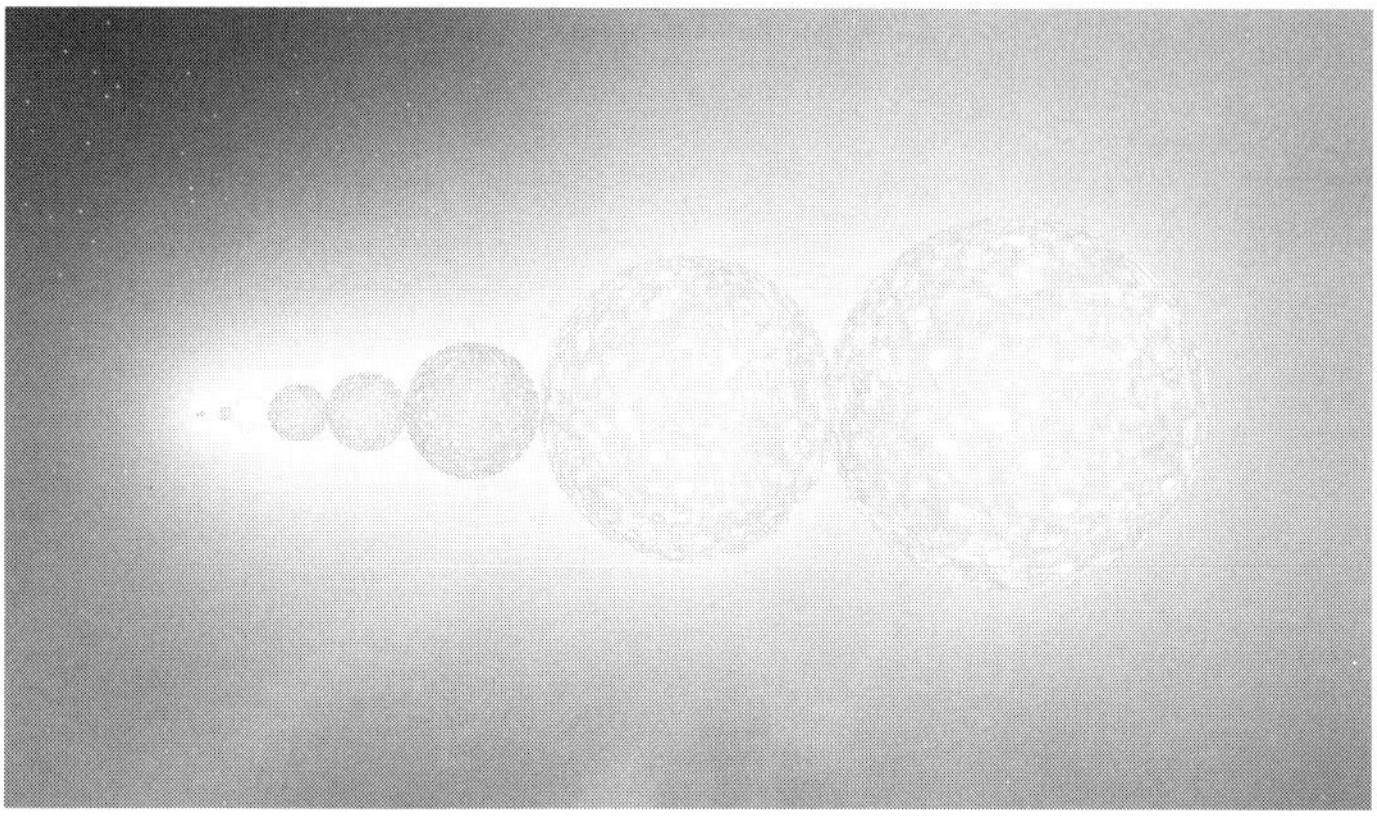

右端からスティーブンソン 2-18、たて座 UY 星、ベテルギウス、りゅうこつ座η星 A……と続く。Credit : Universe Sandbox 2

事象の地平面の半径は太陽の約３万倍、いて座Ａ*の１５００倍となり、仮に太陽の位置にあれば冥王星を含む外縁天体すらもすべて容易に飲み込んでしまうほどの凄まじい巨大さです！

●フェニックスＡ／太陽半径の約40万倍

観測史上最大のブラックホールはフェニックスＡで、その質量は太陽の１０００億倍、事象の地平面の半径は太陽の 40万倍にもなる、まさに常識外れのモンスターブラックホールです。

こんなのが実在するというのが本当に恐ろしい……。

●オリオン大星雲／半径約12光年

ここからはさらに桁違いに巨大になるので、１年間で光が進む距離＝１光年という単位を用いて紹介していきます。

ちなみに１光年は太陽半径の約１３６０万倍です。

オリオン座にある非常に有名な星雲「オリオン大星雲」は、半径が約12光年です。

ハッブル宇宙望遠鏡が撮影した、オリオン大星雲の画像。
Credits : NASA, ESA, M. Robberto (Space Telescope Science Institute/ESA) and the Hubble Space Telescope Orion Treasury Project Team

●オメガ星団／半径約75光年

巨大な銀河の周囲には、古い恒星たちが数万個～100万個の単位で、お互いに重力的に引き合って球状に集まった、「球状星団」という星の集団があります。天の川銀河の周囲にも150個ほどの球状星団が発見されていますが、その中でも最大の「オメガ星団」の半径は75光年ほどです。この中に1000万個もの恒星が含まれているそうです！

●大マゼラン雲／半径約7500光年

ある銀河の周囲をより小さい銀河が公転している時、小さい方の銀河は伴銀河（衛星銀河）と呼ばれます。天の川銀河を公転する伴銀河のうち最大の銀河は、大マゼラン雲です。その半径は7500光年あり、3000億個もの恒星によって構成されていると考えられています。

オメガ星団の実写画像。Credit：ESO

●天の川銀河／半径約5万光年、アンドロメダ銀河／半径約12万光年

私たちが属する天の川銀河の半径は約5万光年、アンドロメダ銀河の半径は約12万光年とされています。天の川銀河には1000億～4000億個の星々が、アンドロメダ銀河には1兆個程度の星々が含まれていると考えられており、どちらも星々から成る超巨大な集合体です！

●IC 1101／半径約200万光年

観測史上最大の銀河である IC 1101 については、より掘り下げて紹介しています。

●観測可能な宇宙／地球から半径約465億光年以内

観測可能な宇宙は地球から約465億光年以内で、それ以遠の宇宙がどれほど大きいのかは、全くわかっていません。

結論

地球の１０９倍大きく偉大な太陽ですら、宇宙ではちっぽけな存在

土星のリングの200倍!? 超巨大なリングを持つ太陽系外天体「J1407b」

宇宙ヤバイ

●土星を凌駕する、規格外のリング

土星は、その立派なリングで有名です。

自身の直径の倍以上も大きいリングは、迫力があってすごく美しいです。

他の太陽系惑星を見てもずば抜けたリングを持っている土星ですが、太陽系の外にまで視野を広げると、土星を遥かにしのぐ、とてつもないスケールの輪を持つ天体がありますｌ

舞台となる惑星系は、地球から約430光年離れた「1SWASP J140747.93-394542.6(J1407)」です。太陽系が誕生してから約46億年が経過しているのに対し、

J1407系は1600万年しか経っておらず、非常に若い惑星系です。

この惑星系には、質量が木星の10～40倍もある、巨大な天体「J1407b」が公転しています。

実は、このJ1407b、**土星の200倍もの大きさとなる超特大のリング**を持っているのです！

その環の半径は、**6000万キロメートル（太陽半径の約85倍）**。太陽と水星の平均距離が約5800万キロメートルなので、仮にJ1407bが太陽の位置にあれば、そのリングは水星の軌道まで到達することになります！

そしてこのリングには、大きな隙間が存在していることが知られています。

これはこの空間にあった物質が集まり、**地球に近いサイズの衛星が形成された**と考えると辻褄が合います。

衛星もスケールが大きいですね！

J1407b の巨大リングの想像図。Credit：Space Engine

J1407bの超巨大なリングからは、**今後数百万年間でいくつかの衛星が生み出され、最終的には消えてなくなる**と考えられています。

今私たちが生きているこの時代に、超巨大なリングを観測できたことは、本当に幸運なことなんですね。

結論

土星のリングがJ1407bサイズじゃなくて良かった

観測史上最大の恒星

宇宙ヤバイ

●太陽の2150倍もの半径を持つ恒星とは？

「赤色超巨星」という分類の恒星は、質量が大きい恒星が一生の末期段階に入り、膨張した姿です。恒星の大きさランキングを作れば、上位は赤色超巨星で埋まるほど巨大な恒星の分類です。

ただし、赤色超巨星の半径は地球からの見た目の大きさ（視直径）と地球との距離から計算できるのですが、そのうち地球との距離は正確な測定が非常に難しい指標です。さらに赤色超巨星自体が珍しく、どれもかなり遠い場所にしか存在しないため、正確な距離の決定がより難しく、同時に赤色超巨星の正確な半径を求めることも難しくなっています。

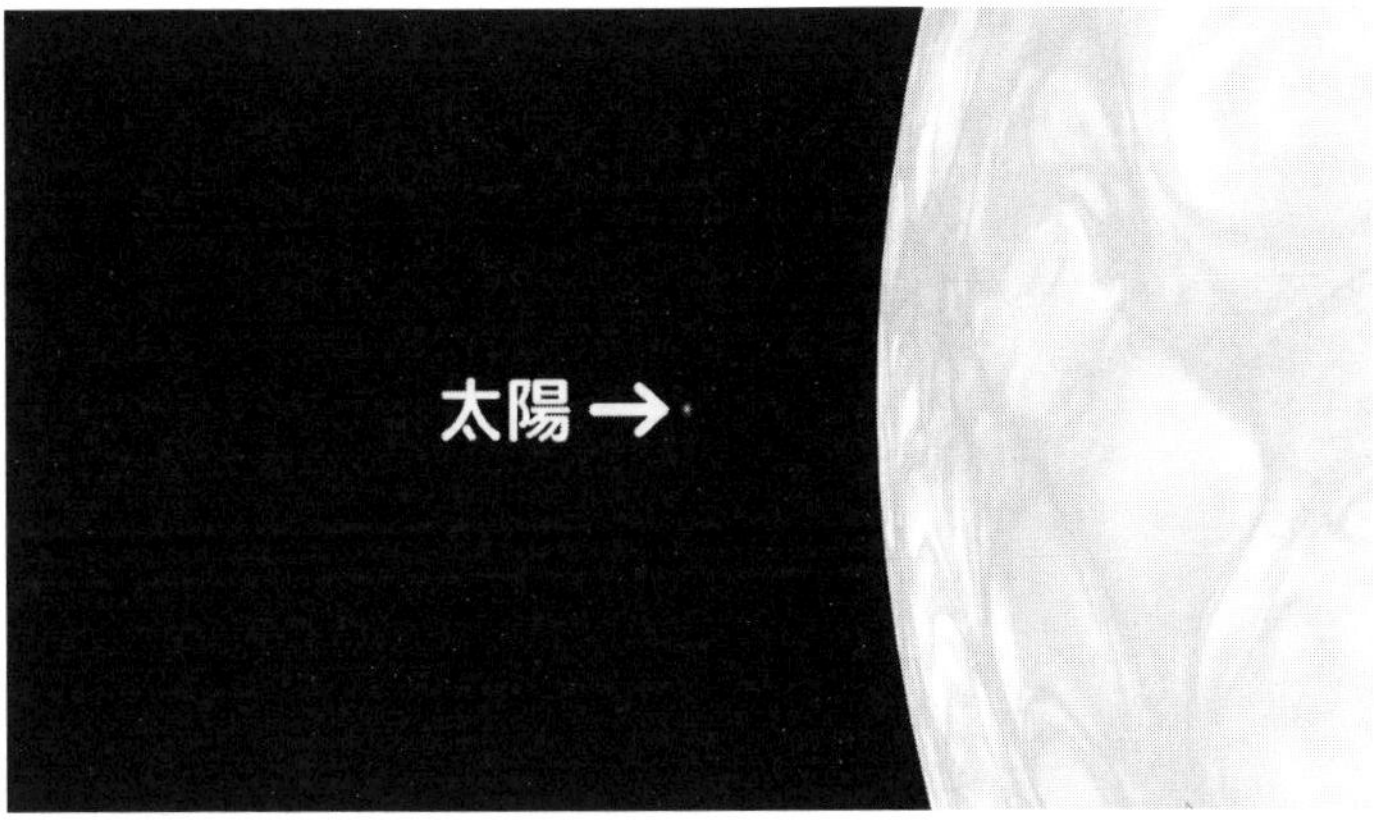

太陽とスティーブンソン2-18の大きさ比較。Credit：Universe Sandbox 2

そのような前提のもと、既知の恒星の中で一番大きいものとしてよく挙げられるのが、「**スティーブンソン2-18**」という星です。この星は実に**太陽の2150倍もの半径**を持っています！ もしも太陽系の中心の太陽の位置にこの星があったとしたら、木星以内の惑星をすべて丸飲みし、土星の公転軌道スレスレのところまで迫るほどの巨大さです。

先述のとおり、赤色超巨星の正確な大きさを特定するのは非常に難しいので、今後「観測史上最大の恒星」のランキングが書き換わる可能性は大いにあります。

結論

今後の観測技術の進歩により、本当の意味での宇宙最大の恒星が判明するのに期待

クエーサーと宇宙最大のブラックホール

宇宙ヤバイ

●最も明るい天体クエーサー

地球から観測可能な宇宙には、実に2兆個もの銀河が存在しているという説がありま す。そんな銀河の中心部（銀河核）の明るさは銀河によって大きな差があります。

銀河核の明るさは、銀河の中心に存在する巨大なブラックホールの周囲にどれだけ巨大で活発な降着円盤が存在するのかが大きく関わっています。降着円盤とはブラックホールの重力によってその周囲にあるガスや塵が捕らえられ、超高速でその周囲を公転する際に発生した摩擦熱で超高温に加熱され、物凄い輝きを放つ円盤状の構造です。**ブラックホールが大きいほど、そしてその周囲の物質が豊富であるほどブラックホールの周囲には巨大で活発な降着円盤が形成され、銀河核は明るくなります。**

たとえば、天の川銀河の中心にも太陽の430万倍もの質量を持つ超大質量ブラックホール「いて座A*」が存在していますが、銀河の中心部にあるブラックホールとしてはそこまで大きくない上に、周囲に物質が少なく最近では活動が大人しいため、天の川銀河の銀河核は比較的暗い部類です。

反対に銀河の中心に存在するブラックホールが周囲の大量の物質を流入させている場合、その銀河核は活動的で明るく輝きます。そのような明るい銀河核は、「**活動銀河核**」と呼ばれます。

活動銀河核にもいくつか種類があり、その中でも最も活動的で明るい部類は、「**クエーサー**」と呼ばれます。銀河核にあるブラックホールは大きいほど活動的になりやすいので、最も活動的な銀河核であるクエーサーには、宇宙でもトップクラスに巨大なブラックホールが見つかりやすいのです。

また、**クエーサーは既知の天体の中でも最も明るいもの**として知られています。さらに掘り下げ甲斐がある非常に面白い天体なので、その明るさについても詳細を後述

ブラックホールを取り巻く降着円盤と、ブラックホールから放たれるジェットの想像図。Credit：Space Engine

したいと思います。

●宇宙最大のブラックホール

それではこれまでに発見されている中で最も巨大なブラックホールは、どのようなスペックを持っているのでしょうか？　観測史上最大のブラックホールは「フェニックスA」と呼ばれていて、地球から約59億光年も彼方にある、「ほうおう座銀河団」と呼ばれる巨大な銀河団の中心部に存在しています。

このフェニックスAを含む銀河は活動銀河核に分類され、クエーサーである可能性もあります。やはり**クエーサーには巨大なブラックホールが存在する可能性が高いんですね！**

フェニックスAの質量はなんと、太陽の1000億倍にもなります！　天の川銀河の中心にある、太陽の430万倍ほど重い「いて座A*」のさらに2万倍以上重いということになります。本当に桁違いです……。

そしてブラックホールの事象の地平面の半径はそのブラックホールの質量に比例するので、フェニックスAの事象の地平面は、地球の109倍の半径を持つ太陽のさら

クエーサーの想像図。Credit：NASA, ESA and J. Olmsted (STScI)

に18倍の半径を持ついて座A*の事象の地平面の、さらに2万倍以上の半径を持っています!!

これはkmに直すと約3000億kmで、もしも太陽の位置にあるとしたら、公転軌道の半径が約45億km の海王星などは軽く飲み込んでしまい、既知の太陽系天体をすべて飲みこんでしまうほど巨大です。

結論

宇宙の前では、あのいて座A*ですらモブキャラ

宇宙最大の銀河IC 1101の桁違いのスケール

宇宙ヤバイ

●そもそも銀河ってどのくらい大きいの?

そもそも、**銀河というのはめちゃくちゃ巨大な天体**です。

我々の太陽系が属する銀河である**天の川銀河も、太陽のような恒星が1000億〜4000億個も含まれていて、直径で約10万光年もある**と考えられています。

10万光年というのは、秒速30万キロメートル、1秒で地球を7・5周するほど速い光ですら10万年かかる距離です。1光年で約9・5兆キロメートルなので、10万光年を無理やりキロメートルに直そうとすれば約100京キロメートルとなり、普段あまり見慣れない単位が出てくることになります。

●宇宙最大の銀河「IC 1101」

そして、ここでの本題は「**宇宙最大の銀河**」です。

超巨大な天の川銀河ですが、宇宙最大の銀河は、それと比べてどれくらい大きいのでしょうか？

観測史上最大の銀河は、「IC 1101」という巨大楕円銀河です。IC 1101は「Abell 2029」と呼ばれる銀河団の中心部にあります。

銀河団の中心部にあるだけあり、周囲から多くの銀河やガスなどが流れ込んできていて、非常に大きく成長しています。IC 1101の大きさや距離の推定はとても難しいので、諸説ありますが、一説ではIC 1101までの距離は約10億光年で、直径は約400万光年にもなるそうです！　かなり巨大な部類の銀河である天の川銀河の、さらに40倍も巨大です。

そしてなんとこの銀河には**100兆個もの恒星が所属しているそう**です！

ハッブル宇宙望遠鏡が撮影したIC 1101の実写画像。Credit：NASA/ESA/Hubble Space Telescope

これは天の川銀河の数百倍以上の数であり、質量も天の川銀河の約100倍もあると考えられています。

さらにIC 1101の中心部には、先述の観測史上最大のブラックホールに匹敵するほど巨大なブラックホールが存在しているという説もあります。何から何まで桁違いな、凄まじい世界です。

結論

IC 1101のどこかには生命がいてもおかしくなさそう

宇宙の大きさ比較（約）

イトカワ／長半径0.16km	木星／半径6万9,911km
リュウグウ／長半径0.45km	EBLM J0555-57Ab／半径6万km
ダイモス／長半径6.3km	土星（環を含む）／半径30万km
フォボス／長半径11.1km	太陽／半径69万5,700km
理論上最小のブラックホール／半径9km	シリウスA／太陽半径の1.7倍
中性子星／半径10〜15km	いて座A*／太陽半径の18倍
エンケラドス／半径252km	R136a1／太陽半径の30倍
マケマケ／半径720km	カノープス／太陽半径の71倍
冥王星／半径1,190km	オリオン座β星リゲル／太陽半径の78倍
エウロパ／半径1,560km	J1407bのリング／太陽半径の85倍
月／半径1,737km	はくちょう座α星のデネブ／太陽半径の200倍
イオ／半径1,818km	ピストルスター／太陽半径の300倍
カリスト／半径2,408km	りゅうこつ座η星A／太陽半径の400倍
水星／半径2,439km	オリオン座α星のベテルギウス／太陽半径の750倍
タイタン／半径2,576km	観測史上最大の恒星スティーブンソン2-18／太陽半径の2,150倍
ガニメデ／半径2,631km	M87ブラックホール／太陽半径の3万倍
火星／半径3,390km	観測史上最大のブラックホールフェニックスA／太陽半径の40万倍
金星／半径6,052km	オリオン大星雲／半径12光年
地球／半径6,371km	オメガ星団／半径75光年
シリウスB／半径6,000km	大マゼラン雲／半径7,500光年
海王星／半径2万4,622km	天の川銀河／半径5万光年
天王星／半径2万5,362km	アンドロメダ銀河／半径12万光年
土星／半径5万8,232km	IC1101／半径200万光年

宇宙の温度を比べてみよう！

●宇宙に実在する温度の比較

では続いて、宇宙に実在する温度を比較していきましょう。

●絶対零度／マイナス273・15℃、ブーメラン星雲／約マイナス272℃

まず紹介するのは、この宇宙で最も温度が低い場所です！　**この宇宙で最も自然な状態で温度が低いのは、ブーメラン星雲**という星雲になります。ブーメラン星雲の温度はなんとマイナス272℃!!　**この宇宙での温度の下限である絶対零度がマイナス**

273・15℃なので、いかにこれが極限にまで冷え切っているのかがわかります。
ブーメラン星雲については、後ほどさらに詳細を解説していきます。

●トリトンの平均温度／約マイナス235℃、冥王星の平均温度／約マイナス230℃

太陽系では、熱源である太陽から距離が遠い天体であるほど当然温度が低いのですが、海王星の衛星であるトリトンはその距離に対して際立って温度が低いです。トリトンよりも平均距離が遠い冥王星の温度はマイナス230℃ほどと考えられていますが、トリトンの温度は約マイナス235℃！　いかに特段に低い温度なのかがよくわかりますね。

●太陽系ガス惑星たちの平均温度

太陽系で火星より外側にあるガス惑星たちの平均温度は、海王星が約マイナス220℃、天王星が約マイナス210℃、土星が約マイナス190℃、木星が約マイナス160℃となっています。どれも寒いですね！

●火星の平均温度／約マイナス50℃、地球の平均温度／約15℃、水星の平均温度／約180℃

地球は太陽系で3番目に気温が高い惑星ですが、2番目に平均気温が高い惑星は金星ではなく、太陽から最も近い水星です。

そんな水星の平均温度は約180℃です。が、水星は場所による温度差が太陽系一大きいという特徴があります。昼面は最高400℃を超えますが、夜面はマイナス160℃以下の極寒です！

●金星の平均温度／約460℃

そして最も太陽系で熱い惑星は、地球の一つ内側を公転する金星です。金星は場所ごとの温度差がほとんどなく、平均で460℃以上、最高で500℃、最低でも400℃以下にはならない、まさに灼熱地獄となっています！

●赤い恒星の表面／2000―3500℃

さて、いよいよ恒星の世界へと突入していきます。**恒星の色は温度が低いものから赤→橙→黄→白→青と変化**していきます。赤い色をした低温の星には、質量が恒星としては軽く放射エネルギーが弱い赤色矮星や、さらに質量の大きい恒星が寿命の末期にさしかかり膨張して低温になった赤色巨星・赤色超巨星などが挙げられます。

●KELT-9b／約4300℃

赤色矮星のような並の低温な恒星よりもさらに熱い、なんと「惑星」が存在します！現在までに発見されている中で最も熱い惑星は、地球からはくちょう座の方向に約670光年ほど離れた、「KELT-9b」です。この惑星の昼の面ではなんと4300℃にもなっていると考えられていて、一般的な恒星よりも熱い規格外の惑星です！

この惑星についてより詳細を後述したいと思います。

●太陽の表面／約5500℃、シリウスの表面／約9700℃、リゲルの表面温度／約1万2000℃、R136a1の表面温度／約4万6000℃

そして現在見つかっている中で特に高温な恒星の一つに、「R136a1」という恒星があります。こちらの恒星の温度は4万6000℃にもなります！　太陽、シリウス、リゲルなど特に有名な星々と比べても、その表面温度の高さは歴然です。

R136a1についてはその表面温度以上に特筆すべき点があるので、詳細を後述します。

●WR 102／約21万℃

観測史上最も表面が高温な恒星は、地球から9400光年ほど離れた所にある「WR 102」という恒星です。その表面温度は実に21万℃！　R136a1のさらに4倍以上も高温となっています。

このWR 102からは秒速5000㎞という物凄い速度で恒星風が吹き出しており、太陽の数億倍という物凄いペースでその質量を失い続けているそうです。

●太陽の中心核／約1500万℃

表面から深く進んでいき、中心にある核まで到達するとその温度はさらに桁違いになります。たとえば**太陽の中心核は1500万℃という、想像も絶する超高温で超高圧な世界**です！

このような極限環境だからこそ、核融合反応が起こり、それをエネルギー源とする恒星として輝き続けることができています。

●大質量星の中心核／数億℃

太陽よりも質量の大きい恒星の場合、中心核はさらに高温で高圧の環境となり、太陽核では核融合が起こらない物質まで反応してさらに重い元素が作り出されていきます。数億℃〜数十億℃の温度にもなるのだとか……。

●巨大ブラックホールの降着円盤／数10億℃

銀河の中心にある、太陽の数百万倍〜数百億倍もの質量を持つ超大質量ブラックホールの周囲を渦巻く降着円盤の温度は、なんと数十億℃という単位にもなっています。

●超新星爆発／約100億℃

太陽の8倍以上の質量を持つ恒星だと、核融合の末に最終的に「鉄」が作り出され、

超新星爆発を起こします。この時の**中心核の温度はなんと100億℃!!** そのあまりのエネルギーで、鉄より重い元素が生成されるそうです。

●できたての中性子量/約1兆℃

形成されたばかりの中性子星の温度はなんと1兆℃にもなりますが、その後急速に冷却され、たった数秒のうちに1000億℃を下回るそうです。大質量の恒星が一生を終え、超新星爆発が発生する瞬間にも中性子星が形成されますが、中性子星同士の衝突合体時にも新たな中性子星が形成される場合があります。そんな中性子星同士の衝突現象は、「キロノヴァ」と呼ばれます。新星(ノヴァ)という現象の1000倍(キロ)程度のエネルギーを放つことから、この名前が付けられています。金など極端に重い元素は超新星爆発時でも生成されず、このキロノヴァによって生成されたと考えられています。

●絶対熱/1.42×10³²℃

温度には「絶対零度」という下限だけでなく、「**絶対熱**」**という上限**もあるそうです!

ハッブル宇宙望遠鏡が撮影した、かに星雲の実写画像。超新星爆発後に形成される超新星残骸。Credit：NASA, ESA, J. Hester and A. Loll (Arizona State University)

宇宙は元々一点にその全エネルギーが密集していました。そこから急激に膨張し、現在の広大な宇宙が形成されたと考えられています。

だとすると、**宇宙が誕生した本当に直後の温度こそが、この宇宙の全エネルギーを合計しても絶対に超えられない温度の上限である**と考えられそうです。

その絶対熱の温度は、1溝《こう》4200穣《じょう》℃です。見慣れない単位すぎてイメージがわかないと思うのですが、指数表記にすると1.42×10^{32}℃となります。つまり1の後に0が32個付いた数で、1億℃の1億倍のさらに1億倍のさらに1億倍という、想像することすらできない温度となっています！

結論

R136a1くらいなら気合次第でイケる気がしてきた

宇宙一寒い場所「ブーメラン星雲」ってどんな場所？

宇宙ヤバイ

●宇宙の寒さ

地球上で一番寒い場所といえば南極です。

２０１８年には、地表付近の温度がマイナス97・８℃を記録したそうで、想像を絶するほどの極寒の世界ですよね。

では、地球から離れて視野を太陽系まで広げてみます。

この太陽系で特に寒い場所はどこでしょうか？

太陽系の熱は中心の太陽から供給されているので、当然**太陽から遠い場所ほど寒く**なります。

たとえば、**準惑星の冥王星の温度はマイナス230℃**と超低温です！

ではさらに視野を広げ宇宙全体を見たとき、現在見つかっている中で最も寒い場所はどこでしょうか？

ズバリそれは**ブーメラン星雲**です。

このブーメラン星雲は地球からケンタウルス座の方向に約5000光年離れた場所にあり、ブーメランというよりは蝶ネクタイのような形をしています。

●ブーメラン星雲が寒い理由

ブーメラン星雲は、「惑星状星雲」というタイプの星雲が形成され始めている「**原始惑星状星雲**」という段階の星雲です。

太陽と同程度の質量を持つ恒星は、寿命が近づくにつれて、表面温度が低下しながら膨張していきます。

ハッブル宇宙望遠鏡が撮影したブーメラン星雲の実写画像。
Credit：NASA,ESA,R.Sahai and J.Trauger(Jet Propulsion Laboratory)and the WFPC2 Science Team

そして末期には、「**赤色巨星**」という低温で巨大な星となり、その外層のガスを放出して最終的に高温な「**白色矮星**」へと進化します。

恒星進化の末期段階に周囲に放出された大量のガスは、中心星が白色矮星に進化すると、その高温に照らされ輝く「惑星状星雲」と呼ばれる星雲になります！

原始惑星状星雲は、中心の進化の末期段階にある恒星が大量のガスを放出して、惑星状星雲が形成され始めている最初の段階ということになります。

惑星状星雲は多様な形をしていますが、末期段階の恒星のガスの放出の仕方によって、星雲の形が決まるようです。

ブーメラン星雲では中心星がなんと毎秒１６４㎞という超高速でガスを放出し、ガス雲全体を膨張させていると考えられています！

ガスが膨張すると温度が下がるため、宇宙最低のマイナス２７２℃を記録しているというわけですね。

マイナス２７３℃が「**絶対零度**」といってこの宇宙での最低温度なので、これ以上寒くなりようがないほど冷えています。

●宇宙の温度

そして、**現在の宇宙の温度はマイナス270℃**だと考えられています。

宇宙空間はマイナス270度の宇宙背景放射で満たされているため、太陽のような熱源が何もない場所で長い時間を経過させると、マイナス270℃へと冷めていきます。

宇宙の温度マイナス270℃よりも寒い場所は、現在ブーメラン星雲以外どこにも見つかっていないそうです。

それほどまでに異次元の寒さを誇っているわけですね!

太陽も最終的には、現在の250倍程度の大きさにまで膨張し、ガスを放出して惑星状星雲を形成すると考えられています。

太陽は超新星爆発を起こすほどの質量はないとはいえ、熱かったり寒かったり、恒星の最期の間近で生き延びるのは簡単じゃないですね！

結論

布団が吹っ飛んだ（体感温度ブーメラン星雲）

宇宙一熱い惑星の想像を絶する環境

●宇宙一熱い惑星

これまで観測してきた惑星のうち、通常の恒星を公転しているものの中で最も温度が高い惑星は、「**KELT-9b**」です。

KELT-9bの主星である**KELT-9**は、地球からはくちょう座の方向に約670光年離れたところにあると考えられています。

KELT-9は太陽の約2倍程度の直径を持ち、**表面温度は1万℃近く**あり、青く輝いて見えます。

実はKELT-9bは、そんなエネルギッシュな主星からわずか520万kmしか離れていない超至近距離を公転しているんです！

ちなみに太陽系で、最も太陽から近い公転軌道を描いている惑星である水星ですら太陽から平均で5800万kmも離れた場所を公転しています。

これだけ主星に近い上、主星KELT-9は太陽の2・5倍も質量が大きいので、**その公転周期は非常に短くなっていて、なんとたったの36時間で1周**してしまいます！

1年が36時間、地球では想像もできない環境です。

KELT-9bは、表面温度が太陽の1・5倍以上高い恒星の周囲を、これだけ近い位置で公転しているため、主星から受け取るエネルギーは地球が太陽から受け取るエネルギーのなんと4万4000倍にもなります！　そのため観測史上最も表面温度が高い惑星となっています。

KELT-9bは、主星の重力の影響で常に同じ面を主星に向け続けていると考えられており、主星の光を受ける昼の面は永遠に昼が続き、夜の面も永遠に夜が続きます。

このような現象は「潮汐ロック」と呼ばれています。永遠に昼の面では、その表面温

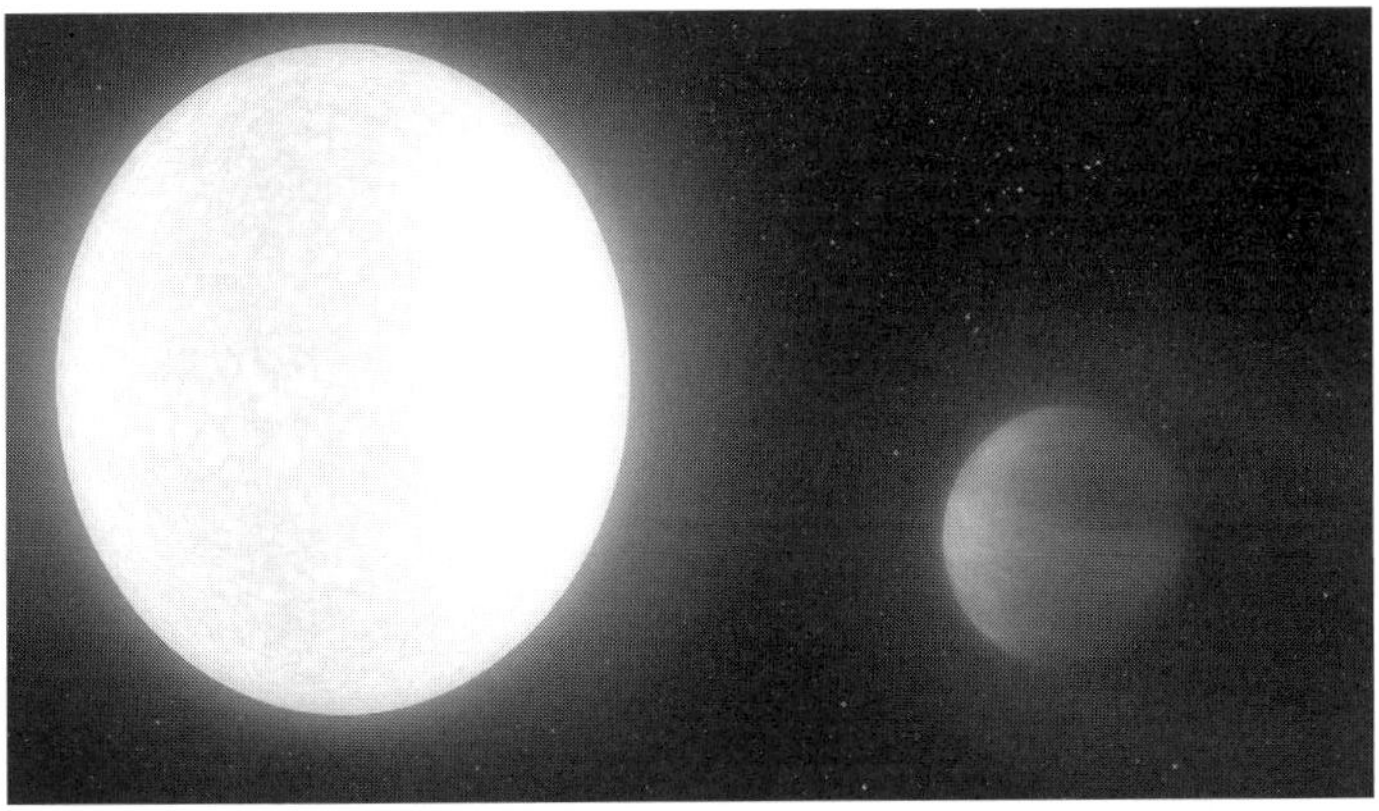

KELT-9bの想像図。左の恒星がKELT-9、右下の惑星がKELT-9b。両者はたったの520万㎞しか離れていない。Credit：NASA/JPL-Caltech

度がなんと**4300℃にも達しているの**だとか!!　**夜の面ですら2300℃に達している**そうです。

温度の低い恒星であれば、表面温度が2000℃台のものも見つかっているので、下手な恒星よりもずっと温度が高い驚異の惑星ということになります！

ちなみに、「Kepler-70b」という惑星はさらに温度が高いとされますが、存在を疑問視する声も多いことから、最も熱い惑星はKELT-9bとされる場合が多いです。Kepler-70bが存在していた場合、その表面温度はなんと約8800℃にもなるそうです。

では話を本題のKELT-9bに戻しましょう。

このKELT-9bの表面の様子を改めて分析した結果、**なんとあまりの高温で大気中の水素分子が解離して、水素原子の状態になっている**ことが判明しました！

すべての物質を構成する原子や分子は、「熱運動」という振動を起こしています。

この振動が激しいほど、温度が高いということになります。

逆に振動がなくなると絶対零度となり、それ以下の温度には下がらなくなります。

熱運動がある程度激しくなると、原子同士のつながりである分子すら構造を維持できなくなり、単体の原子に解離してしまいます。

そんな具合で KELT-9b の昼面では水素の分子が解離してしまい、夜面に移動するとそれらが再び結合しているそうです。

解離した水素がどんなものなのか想像もできませんが、とりあえず熱すぎるので、触るのはやめておきましょう。

結論

あまり近づきすぎないほうが良いのは、恒星も人間も同じ

最強星団「R136」と最強恒星「R136a1」

宇宙ヤバイ

●最強星団「R136」

地球からはるばる16・5万光年離れた場所にある大マゼラン雲という、天の川銀河とは別の銀河の中にある、「タランチュラ星雲」という星雲の中心部に、ここでの主役である「R136」という星団があります。

いくつもの青い星々で構成されていますが、恒星の色というのはその表面の温度で決まり、**低い順から赤↓橙↓黄↓白↓青の順で高温**になっていきます。なのでこれらの青い恒星は表面が高温なものばかりなんですね！

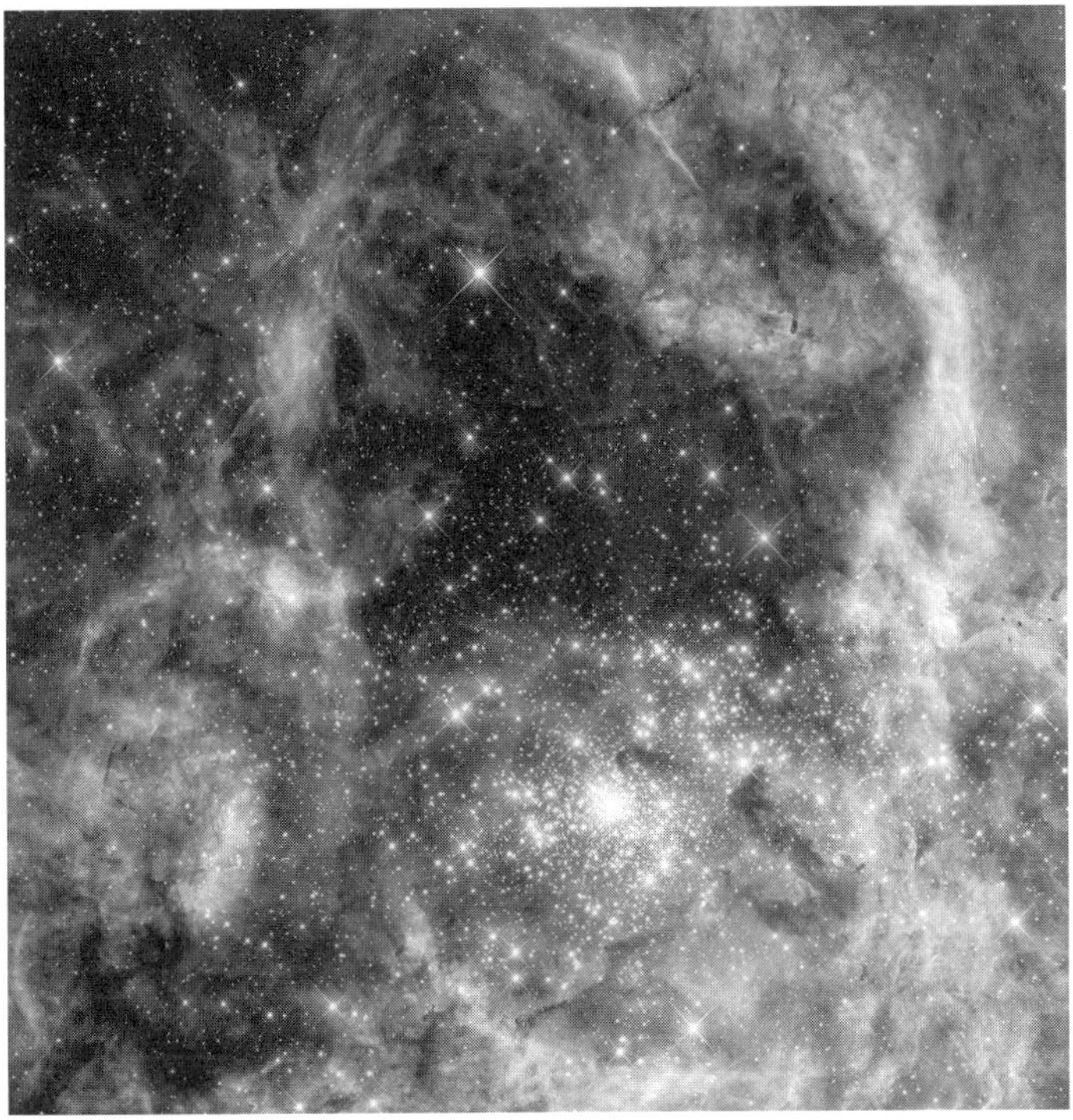

ハッブル宇宙望遠鏡が撮影したR136星団の実写画像。Credit：NASA, ESA, P Crowther (University of Sheffield)

さらに太陽の何倍も質量が大きい選ばれし恒星しか青色で輝くことはできません。このR136には、太陽の50倍も質量がある超大質量星が数十個、さらに太陽の100倍以上重い恒星が9個も見つかっています。まさに大スター軍団！

最強恒星「R136a1」

「R136a1」は現在見つかっている恒星の中で最も重い星です。

一般的に質量が大きいほど恒星の1秒あたりに放出するエネルギー量は大きくなっていき、現にこの星も最大で1秒あたりに**太陽の870万倍のエネルギー**を放出しています！　たった4秒で太陽が1年かけて放つエネルギーを放出してしまう計算です、まさに異次元のハイスペック星です。

そして大質量な恒星ほど早いペースで核融合の燃料を使い切ってしまうため、短命です。例えば太陽の寿命が120億年程度あると言われているのに対し、R136a1の寿命は数百万年程度に過ぎないと考えられています。

その重さは、なんと太陽の320倍で、半径は太陽の30倍程度あり、かなり巨大です。そしてR136a1の表面温度はなんと5万4000℃以上もあります。太陽が5500℃くらいなので、その10倍近いです。もはや想像もつきませんね。

ただし2020年9月には、こんなR136a1も実はその質量が過大評価されていたという説が登場しています。

新説では、太陽の320倍あった質量が184倍~260倍に、温度は5万4000℃から4万6000℃に、さらに1秒間で放出するエネルギーも太陽の871万倍から616万倍に下方修正されてしまっています。

遠い天体の正しい情報を得るのは非常に難しいことなので、このようにランキングが変動することは頻繁にあることですが、最強として有名だったR136a1が仮にその座から陥落することになれば少し寂しい気がしますね。

結論

重すぎると短命に終わるのは、恒星も人間も同じ

宇宙の温度比較（約）

ブーメラン星雲／-272℃	KELT-9b／4,300℃
トリトンの平均温度／-235℃	太陽の表面／5,500℃
冥王星の平均温度／-230℃	シリウスの表面／9,700℃、
海王星の平均温度／-220℃	リゲルの表面温度／1万2,000℃
天王星の平均温度／-210℃	R136a1の表面温度／4万6,000℃
土星の平均温度／-190℃	WR102／21万℃
木星の平均温度／-160℃	太陽の中心核／1,500万℃
火星の平均温度／-50℃	大質量星の中心核／数億℃
地球の平均温度／15℃、	巨大ブラックホールの降着円盤／数10億℃
水星の平均温度／180℃	超新星爆発／100億℃
金星の平均温度／460℃	できたての中性子星／1兆℃
赤い恒星の表面／2,000—3,500℃	絶対熱／1.42×10^{32}℃

宇宙の速度を比べてみよう！

宇宙
ヤバイ

●宇宙に実在する様々な速度の比較

では続いて、宇宙に実在する様々な速度を比較していきましょう。

●地球の自転／秒速0・466㎞

地球の赤道上の自転速度は、秒速約500mです。地球大気中の音速が秒速約340mなのでこれは日常スケールでいえば非常に速いですが、宇宙に焦点を当てた今回の比較では一番最初に紹介する数値となります！

●海王星の風速／秒速約0・56㎞

太陽系で最も強い風が吹いているとして知られる海王星の風速は、実に560mにもなるそうです。

●太陽の自転／秒速約2km

太陽の赤道上の自転速度は、秒速約2kmです。地球と比べると数倍速いですが、後述するこれの何百倍も高速で自転することで形が変形している恒星と比べると、かなり緩やかな自転をしています。

●HD 189733 bの風速／秒速約2km

地球から63光年彼方にある「HD 189733」という惑星系にある惑星「HD 189733 b」では、秒速2kmにも及ぶ風が吹き荒れているんだそうです！　この凄まじい太陽系外惑星については、後ほど詳細を掘り下げていきます。

●木星の自転／秒速12・6km

太陽系の惑星で最も自転速度が速い天体は、木星です。**その速度は秒速12・6km**にもなり、強い遠心力のために赤道部分が膨らみ、全体として少しつぶれた球形をしています。

●ボイジャー1号／秒速約17㎞

1977年に打ち上げられたボイジャー1号は、現在は地球から160天文単位以上の距離にあり、最も遠い宇宙まで到達している人工物として知られています。今もなお太陽系の外に向かって秒速17㎞という恐るべき速度で直進中ですが、これでも地球から4・3光年ほど離れた最寄りの惑星系であるαケンタウリ系の距離に到達するまで、単純計算で7万年以上もかかります……。

●地球の公転／秒速約30㎞、水星の公転／最速で秒速約59㎞

地球の太陽に対する公転速度は秒速約30㎞です。太陽系で最も内側を公転する惑星である水星の公転軌道はかなり楕円形になっており、太陽に最接近する際の公転速度は秒速約59㎞です。

非常に速い自転で生まれる強い遠心力のため、木星は綺麗な球体ではなく、赤道上が膨らんでいるように見える。Credit：NASA, ESA, A. Simon (Goddard Space Flight Center), and M. H. Wong (University of California, Berkeley) and the OPAL team.

●アンドロメダ銀河の接近速度／秒速約120km

地球から250万光年ほど離れた所にある巨大なアンドロメダ銀河は、**天の川銀河の中心から見て秒速約120kmという速度で近づいている**ことがわかっています。

今から45億年後にはこれらの銀河の円盤同士は衝突するそうです！

●太陽系の天の川銀河に対する公転速度／秒速約227km

太陽系全体は、天の川銀河の中心を公転していることが知られています。最新の研究によると、太陽系の銀河中心に対する公転速度は秒速約227kmと見積もられています。これだけとてつもない速度で公転していても、銀河を一周するのに2億年以上かかる計算です！　改めて天の川銀河はとてつもなく巨大な構造です。

●天の川銀河内自転最速の恒星／秒速約540km

観測史上自転最速の恒星／秒速約610km

天の川銀河内と、その外の世界も含めた中での観測史上最速の自転速度を誇る恒星の自転速度は、それぞれ秒速540㎞と秒速610㎞です。これらの凄まじい速度で自転する恒星は非常に面白い性質を持っているので、後ほど詳細を掘り下げていきます。

●地球付近での太陽風／秒速約800㎞

太陽を構成するガスは、高温のために原子核から電子が離れた「プラズマ」と呼ばれる状態にあります。太陽はそんなプラズマのガスを常に宇宙空間へ放っており、これは「太陽風」と呼ばれています。太陽風は地球付近を最大で秒速800㎞という凄まじい速度で通過することが知られています。これが地球の磁場や大気と作用することで、オーロラが発生しているのは有名なお話です。

●移動最速の恒星／秒速約1755㎞

同じ天の川銀河内の地球から2万9000光年ほど彼方に、1755㎞というとてつもない速度で星々の間を駆け抜ける恒星が発見されています。この奇妙な高速移動星については、後ほど詳細を解説しています。

●自転最速中性子星／秒速約7万2000km

観測史上最速の自転をする中性子星は、地球から遥か1万8000光年も彼方にある球状星団ターザン5の中にある、「PSR J1748-2446ad」です。この中性子星、なんと毎秒716回転もしていることが知られています！　赤道上の自転速度は脅威の秒速約7万2000km！　実に光速の24％という速度で自転していることになります。

このPSR J1748-2446adのように、自転周期がミリ秒単位であり、1秒間に数百回転も自転するような中性子星は、ミリ秒パルサーと呼ばれています。

フィギュアスケート選手が、スピンの際に腕を回転軸に近づけるほど高速回転できるのと同様に、中性子星は半径が小さいため、回転速度がこのように桁違いの中性子星が存在するわけです。

●光速／秒速29万9792km

この世にある物質の速度の上限である真空中の光速は、秒速約30万kmです。地球1周が約4万kmなので、たった1秒で地球を7周半してしまう、恐るべき速度です。

ですが、そんな光速をもってしても別の場所に行くのに何万年、何億年とかかってしまうほど、宇宙は途方もなく広いんですね……。

●観測可能な宇宙の膨張／光速の約3倍

これまでの観測から、この宇宙にある天体は地球から遠くにあればあるほど、地球から速い速度で遠ざかっていることがわかっており、そのことから宇宙は膨張していると考えられています。

現在の地球から観測可能な宇宙は465億光年彼方までですが、観測可能な宇宙の果ては現在光速の3倍程度の速度で地球から遠ざかっている計算になります。

ただし、これはあくまで観測可能な範囲に限った話なので、それ以遠の宇宙を含めるとどれくらいの速度で膨張しているのか、正確なことはわかりません。

●インフレーション／光速の約3×10^{22}倍

宇宙が誕生して10のマイナス44乗秒後、宇宙の大きさは10のマイナス34乗cmしかありませんでした。そんな極小の宇宙が一瞬にして人間が見える程度の大きさにまで膨張したというのが、**インフレーション**です。

インフレーションは、宇宙創成の10のマイナス44乗秒後に始まって、10のマイナス33乗秒後に終了したそうです。

インフレーション前は直径10のマイナス34乗cmでしたが、それがインフレーション直後、いわゆるビッグバンのときには直径1cm以上になっていたと考えられています。以上の情報から約10のマイナス33乗秒間で1cm膨張したことがわかるので、ここから計算すると当時の宇宙の平均膨張速度はなんと光速の約3×10の22乗倍！

これが本当に正しければ、誕生直後の宇宙は、ただでさえ常識外れな現在の宇宙と比べても規格外に常識外れの現象が起こっていたのかもしれません！

結論

おそろしく速いインフレーション……
オレでなきゃ見逃しちゃうね

宇宙一強い風が吹く惑星の暴風はどれくらい強い？

宇宙ヤバイ

●太陽系最強の暴風は？

地球で吹く風といえば、通常時で風速が秒速10mあれば、かなり風を強く感じ、強い台風クラスでも秒速30mくらいです。
台風よりさらに強い風が吹くのは「竜巻」で、秒速142mという、地球上での観測史上最大の風速が推定される竜巻の事例もあります。

この時点ですでに想像を絶する世界ですが、太陽系の中では、地球の最大風速でさえ、そよ風と錯覚してしまうほどの暴風が吹き荒れる天体が数多く存在しています！

中でも**最強なのが海王星で、最大で秒速560mもの風が吹く**そうです。地球大気中での音速が秒速約340mなので、それを優に超えてしまっています。この時点ですさまじい環境です。

ですが、太陽系の外まで視野を広げれば、まだまだ上がいます！

では、現在見つかっている中で、宇宙最速の風が吹く惑星では、どれくらい強い風が吹いているのでしょうか？

●宇宙最強の暴風は？

宇宙一の暴風が吹く惑星は、地球からこぎつね座の方向に63光年彼方にある**「HD 189733」**という惑星系にあります。

この恒星は半径質量ともに太陽の8割程度、表面温度は5000℃弱、1秒当たりの放出エネルギーは太陽の32・8％ほどと、太陽より一回り大人しい恒星です。

この系に存在する「HD 189733 b」という惑星は、地球のような青い見た目をしており、一見なんだか穏やかな環境を持っていそうです。

ですが、そもそもこの惑星は公転周期わずか2・2日と、主星に非常に近いところを公転しているため、昼面が930℃程度であると考えられており、約500℃の金星よりはるかに高温となっています。

とても液体の海が存在できる環境ではなく、よってこの青色の原因は地球のような液体の水の海ではありません！

実は、この美しい星の大気中にはガラスの主成分であるケイ酸塩の粒子が含まれていて、それが原因で外からだと青く見えると考えられています。

そして、この惑星は主星に近いことで重力的な影響が強く、常に同じ面を主星に向ける現象である「**潮汐ロック**」が起きていると考えられています。昼の面から見ると主星が同じ場所に居座りずっと昼が続くため、930℃という高温になっているわけです。

これは地球に対する月でも同じで、地球からだと月の裏側の面は絶対に見ることが

HD 189733 b の想像図。地球のように青く美しい外見とは裏腹に、惑星内では過酷極まりない環境が広がっている。Credit：NASA, ESA, M. Kornmesser

できませんね！

このように昼の面では主星が同じ場所に居座りずっと昼が続くため、９３０℃という高温になっているわけです。

逆に、常に陽が当たらない夜の面では温度が低いはずです。

ですが、この星の夜側の面の温度は６５０℃と、ずっと夜なのに依然として高温に保たれているのです。

夜でもここまで熱い原因こそ、宇宙一の暴風による大気循環だと考えられています。

その風速はなんと推定秒速２㎞！

これは海王星の最大風速の約4倍、地球大気での音速の約6倍というとんでもないスピードです。

地球で観測された最大風速の竜巻なんて、これの15分の１でしかありません……。

これだけの暴風でガラスが吹き荒れる、地獄のような惑星が宇宙には実在している
のです！

結論

HD 189733 b で一緒に TMR ごっこしてくれる人募集中

最も速いスピードで自転する恒星

宇宙ヤバイ

●太陽系天体の自転速度はどれくらい?

ここでは、中性子星など、自転速度が異次元に高いコンパクト天体などは除外し、太陽のような通常の恒星のうち、最速の自転速度を持つ天体を紹介していきます。

私たちは地球の重力でがっちり固定されているので、普段は気づきませんが、**地球は常にものすごい速度で自転**しています。

自転軸から一番距離が離れた赤道上が、一番自転速度が速く、秒速460mにもなります!

地球上の大気中の音速が秒速340mくらいなので、それを超える速さです。

そして視野を太陽系にまで広げると、**太陽自身もさらに速い速度で自転**しています。太陽の赤道上の自転周期は約25日とかなり遅いように見えますが、半径が地球の109倍もあるため、赤道上の自転速度でいうと秒速2㎞という値になります！

そしてこの**太陽よりも、さらにずっと速く自転している天体**が太陽系内にあります。それは**木星**です。

木星の直径は地球の約11倍と太陽系最大の惑星であるにもかかわらず、その自転周期は地球を含むすべての太陽系惑星で最も短く、たったの9時間56分です。**木星の赤道上の自転速度は秒速約12・6㎞にもなり、なんと地球の約27倍もの速さ**を誇ります！

これだけ速い自転をしているために、特に木星の赤道付近では、大気の動きが非常に活発です。

有名な**大赤斑**《だいせきはん》という構造も、この速すぎる自転速度がゆえに形成されたと考えられています！

●自転速度が速すぎて潰れた恒星アケルナル

さらに太陽系の外にまで視野を広げると、地球から明るく見える一等星の1つである「**アケルナル**」という星は、自転速度が非常に速いことで有名です。**その自転速度はなんと秒速250㎞!!** 太陽と比べても約7倍の質量、最大11倍を超える直径を持ちますが、たった2日で1回転してしまうようです！

このアケルナルは、**あまりに自転速度が速すぎて遠心力が強すぎるために、赤道上が明らかに盛り上がった潰れた球形をしている**ことが明らかになっています。

赤道上の直径は太陽の11倍を超えますが、極方向の直径はたったの7倍しかないそうです！　縦と横でかなりの差がありますね。

高速で自転しているため遠心力で潰れた球形になったアケルナルの想像図。Credit：Space Engine

そのため恒星の表面でも、赤道付近と極でかなり環境が異なってきます。表面温度は、赤道上が1万℃付近なのに対し、極は2万℃もあるそうです！

こんな面白い一等星アケルナルですが、残念ながら日本の大部分から見えないため、あまりメジャーな恒星とは言えません。南半球に行く機会があったら見てみたい恒星の1つです！

●天の川銀河最速の自転速度を持つ恒星

では、範囲を天の川銀河全体に広げると、その中で最も速く自転している恒星は、一体何でしょうか？

実は**これまでの最速記録を秒速100㎞も更新する超高速で自転する恒星**が最近新たに発見されました！

その恒星は「**LAMOST J040643.69+542347.8**」という名前で、肝心の**自転速度は**

実に秒速540㎞にも達するのだとか！！

太陽の270倍、アケルナルと比べても、さらに2倍以上速い驚異的な速度の回転ですね！

ここまで自転速度が速いと、恒星の形自体が潰れるだけでなく、あまりに赤道が盛り上がりすぎて重力的拘束が弱まり、表面のガスが離れて行って、赤道上に円盤状の構造が形成されているそうです！

さらに天の川銀河の外を含めた、観測史上最速の自転速度を持つ恒星が存在します。

それが、「VFTS 102」。

VFTS 102は、大マゼラン雲という銀河の中にある、タランチュラ星雲内にあります。

この星の自転速度は、LAMOST J040643.69+542347.8よりも、さらに秒速70㎞も速い**秒速610㎞程度**であると考えられています！

ちなみにこのタランチュラ星雲には、観測史上最強候補の恒星として有名な「R136a1」を含む、非常に大質量でエネルギッシュな恒星が多数在籍しています。キャラが濃い星雲ですね！

●なぜここまで自転が速くなる？

ではなぜ、このような自身が大きく変形するほどの極端な自転速度を持った恒星が、できあがるのでしょうか？

これらの恒星は、元はまた別の恒星との連星系を成していたと考えられています。もう一方の恒星の寿命が近づき膨張すると、膨張した星からガスを奪い取るようになります。

この運動しているエネルギーを持ったガスを奪うことで、ガスを受け取った星の回転速度が上昇していきます。

その後膨張した星の寿命が尽き爆発すると、極端に自転速度が上がった恒星だけが残り、単体の星として発見されるという流れです！

観測史上最速の自転速度を持つ恒星「VFTS 102」の想像図。あまりの遠心力で恒星の表面赤道付近のガスが恒星表面から離れていって、円盤状の構造が形成されていると考えられている。Credit：ESA/Hubble

そして、これらの高速自転する星々は、移動速度も速い状態で発見される場合も多く、これも元連星の一方の恒星が爆発した際に、そのエネルギーで押し出されたと考えると説明できるようです！

結論

地球や太陽の自転がちょうどいい速さで良かった

観測史上最高速で移動する星が異次元すぎた！

宇宙ヤバイ

●銀河系を飛び出す超高速度星

観測技術の進歩により、現在では星々の比較的正確な位置だけでなく、その速度まで判明しています。

その結果、何らかの原因で天の川銀河中心部に対して秒速数百kmと、他の星々と比べて極めて速い速度で移動し、天の川銀河の重力を振り切って銀河外に旅立って行きそうな恒星がいくつか見つかっています。

そのような星々は、「**超高速度星**」と呼ばれています。

●観測史上最高速で移動する恒星

そんな超高速度星の中でも極めて高速であることが知られている星があります。地球から2万9000光年ほど彼方にある「S5-HVS1」という恒星は、実に秒速1755㎞というとてつもない速度で星々の間を駆け抜けているそうです！　あまりに速いため、やはり天の川銀河の重力を振り切って銀河外に飛び出していくと考えられています。

●超高速度の原因は？

ではなぜS5-HVS1のような超高速度星は、ここまでずば抜けた速度を手に入れたのでしょうか？　その原因は、巨大な質量と重力を持ったブラックホールの存在だと考えられています。

高速度星は元々別の恒星と連星を成していました。そんな中、偶然接近した巨大なブラックホールの重力によって連星の一方が飲み込まれ、もう一方が重力で投げ飛ば

いて座A* のような巨大ブラックホールにより、銀河を脱出するほどの速度を手に入れた「超高速度星」の想像図。Credit：NASA, ESA, and G. Bacon (STScI)

された結果、**投げ飛ばされたほうが現在の速度を手に入れ、超高速度星として観測されている**とされます。

ちなみにS5-HVS1は銀河系中心の超大質量ブラックホール「いて座A*」によって投げ飛ばされたようです！

結論

ブラックホールはハンマー投げも得意

宇宙の速さ比較（約）

地球の自転／秒速0.466㎞
海王星の風速／秒速0.56㎞
太陽の自転／秒速2㎞
HD189733bの風速／秒速2㎞
木星の自転／秒速12.6㎞
ボイジャー1号／秒速17㎞
地球の公転／秒速30㎞
水星の公転／最速秒速59㎞
アンドロメダ銀河の接近速度／秒速120㎞
太陽系の天の川銀河に対する公転速度／秒速227㎞
天の川銀河内自転最速の恒星／秒速540㎞
観測史上自転最速の恒星／秒速610㎞
地球付近での太陽風／秒速800㎞
移動最速の恒星／秒速1,755㎞
自転最速中性子星／秒速7万2,000㎞
光速／秒速29万9,792㎞
観測可能な宇宙の膨張／光速の3倍
インフレーション／光速の3×10^{22}倍

その他キャラの濃い天体① ビッグバンより前からあった!? 謎多き恒星・メトシェラ星

宇宙ヤバイ

●メトシェラ星って何?

これまで大きさ、温度、速度という尺度から特に際立った天体を紹介してきましたが、ここではそれらの尺度では測れないものの、とても興味深い特徴を持つ天体を2つ紹介します。トップバッターは「ビッグバンより前から存在していた謎多き恒星・メトシェラ星」です。

地球からてんびん座の方向にわずか200光年という宇宙規模でいえば非常に近い位置に、HD140283という恒星があります。

この恒星は、質量が太陽の0・8倍程度で、半径が太陽の2倍程度、温度は550

0℃と太陽とほぼ同じです！

特段際立った星ではありませんが、その恒星の年齢を計測した結果、なんと**137億〜153億年前に誕生していた**と求められました！

当初は140〜160億年前と見積もられていましたが、数年前の再観測によって下方修正されました。

どのみちこれは、**既知の恒星で最も古いものの1つ**となっています。

あまりに年齢が古いため、旧約聖書で最も長寿な人物であるメトシェラにちなんで、「**メトシェラ星**」と呼ばれ親しまれています！

ここで1つ大きな疑問として出てくるのが、**宇宙の年齢の定説が138億歳である**ということです。

137億〜153億年前というのは、**下限値でもない限り、宇宙が始まったビッグバンよりも古くからある**ということになります！

●恒星の年齢は含まれる金属の量でわかる

そもそも**恒星の年齢の測定は、「どれだけその恒星に金属が含まれているか」を調べることで測定**しています。

天文学でいう金属とは、水素とヘリウムを除いたすべての元素の事を言います。なので、酸素や炭素なども、金属として扱います。

宇宙にはもともと、水素とヘリウムしかありませんでした。金属は主に、恒星が核融合で生成したものが最期に宇宙空間に放出されたり、「燃えカス」である白色矮星や中性子星などのコンパクト天体どうしの合体により、徐々に宇宙空間にばら撒かれていきました。

そのため宇宙が誕生してから年数が経つほど、宇宙空間に存在するガスに含まれる金属量が増えていきました。つまりガスが集まってできる恒星に含まれる金属の量がわかれば、その恒星がいつの時代のガスが集まることで形成されたのかを推定することが可能になるというわけです。

そして、**メトシェラ星に含まれている鉄の量が、太陽の約0・4%**と、極めて少ないことがわかりました！

よって、確かに十分に古い年代に生まれたと推測できます。

●宇宙の年齢の不確実性

とはいえ、冷静に考えて、**宇宙誕生より前から存在していた恒星というのはあり得ない**ので、この恒星の年齢か、もしくは長年信じられてきた宇宙の年齢のほうが間違っている可能性もあります。

宇宙の年齢の測定は、これまで数多くの測定方法から導き出されたものなので、そう簡単にこれが大きく崩れるということは考えにくいでしょう。

「メトシェラ星の年齢の推定値が誤っている」という前提のもと、これまで何度も再観測が行われては、メトシェラ星の正確な距離や重元素比率などの情報が修正され、同時に年齢の推定値も修正されてきました。

そして2021年3月に発表された最新の観測システムを用いた最先端の研究成果によると、メトシェラ星の質量は太陽の0・81倍、そして肝心のその年齢は120億歳で、誤差はプラスマイナス5億年と推定されました！

この推定が正しければ、宇宙の年齢が138億歳であることに矛盾しません。やはり宇宙の年齢ではなく、メトシェラ星の年齢の推定値のほうが誤っていた可能性が高まりました。

今後メトシェラ星の年齢の推定値はどのように変化していくのでしょうか、この星がこれからも注目度の高い星であることは間違いないでしょう！

結論

メトシェラ星「ビッグバン？　あぁ、懐かしいね（笑）」

その他キャラの濃い天体②
宇宙で最も明るい天体「クエーサー」

宇宙ヤバイ

●クエーサーとは何か？

クエーサーは、地球から数十億光年～百数十億光年という非常に遠い宇宙に多く見られる、極めて明るい光源です。

平均的なものですら、その1秒当たりの放出エネルギーは**太陽を含む1000億から4000億個もの恒星から成る銀河系の全体の実に1000倍**と、まさに桁違いです！　このことから、**「宇宙で最も明るい天体」**と評されることもあります。

その光の正体は、とてつもなく明るい恒星なのか？　それとも、とてつもなく巨大な銀河なのか？　長らく不明でしたが、すでに本書でも解説したように、現在では「**銀**

河の中心にある超大質量ブラックホールを取り巻く降着円盤である」という説が有力となっています。

銀河系の中心にも「いて座A*」という、太陽の430万倍も重い超大質量ブラックホールがあります。

ですが、クエーサーのブラックホールには**いて座A*のさらに100倍以上重い**ものが多数存在し、大きいものでは**数百億太陽質量**のものまであります!

降着円盤では、ブラックホールの周囲を公転する物質同士が超高速でこすれ合うことで膨大な摩擦熱が生じ、数十億℃もの超高温になります。

この巨大なブラックホールを取り巻く降着円盤の莫大なエネルギーが、宇宙最大の光となって、遥か彼方の地球にまで届いているのです!

つまり**クエーサーの正体は銀河ではなく、その中心にある超巨大ブラックホールにやられた方々**です。

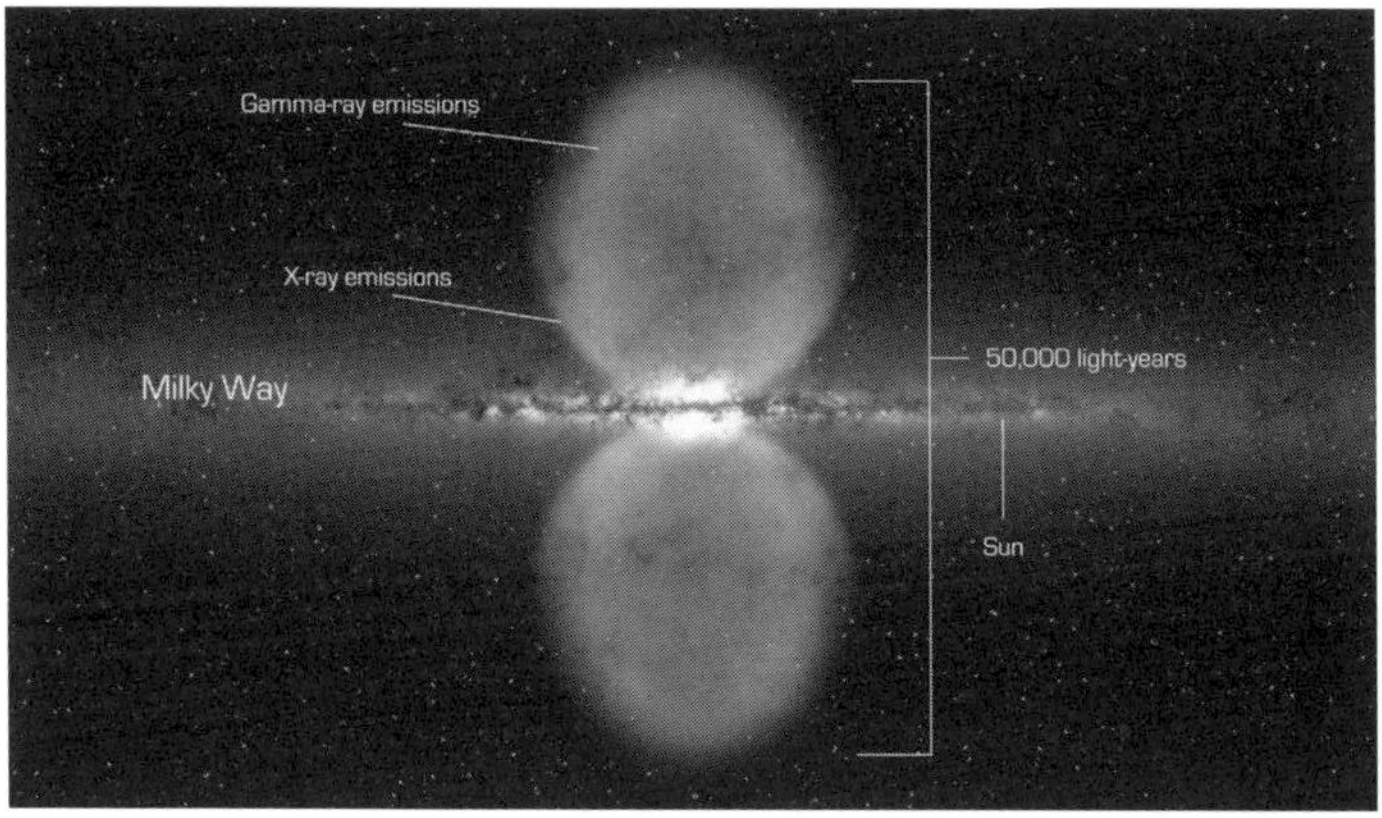

高エネルギーのガンマ線を放つ巨大構造フェルミバブル。天の川銀河の中心部から上下の方向へと広がっている。Credits: NASA's Goddard Space Flight Center

ちなみに、すべての銀河中心にある超大質量ブラックホールがクエーサーのように活動的なわけではなく、クエーサーになるためには、ブラックホールの質量自体が巨大だったり、ブラックホールの周囲にたくさんの物質があるなどの条件を満たす必要があります。

私たちの住む銀河系のいて座A*も超大質量ブラックホールですが、現在は比較的大人しいことが知られています。

一方で銀河系の上下を包み込む、直径2・5万光年にも及ぶ巨大な泡構造「フェルミバブル」が発見されたりなど、いて座A*がつい数百万年前までは非常に活発だったという痕跡が見つかったりもしています。このあたりは現在は研究が進められています！

●クエーサーは肉眼で見える？

これだけ明るいクエーサーですが、あまりに遠いため、**最も明るく見えるクエーサー**

でも視等級は12・6等級です。

ちなみに、視等級は見た目の明るさを示す指標で、値が小さいほど明るく見え、5下がると、ちょうど100倍の明るさです。

肉眼で見える限界の明るさは約6等級なので、12・6等級はそれの500分の1ほどの明るさということになります。

とはいえ、太陽系から最も近くにある恒星である「プロキシマケンタウリ」との距離は約4・2光年で、視等級はクエーサーと同等か約1低い程度です。**クエーサーは地球から数十億光年以上彼方にあるにもかかわらず、最も近い恒星とほとんど変わらぬ明るさで見えるのは凄まじい**です……。

●最も明るいクエーサーの明るさはどれくらい?

宇宙で最も明るい天体であるクエーサーですが、それではクエーサーの中でも観測史上一番明るいクエーサー、つまり観測史上宇宙で最も明るい天体はなんでしょうか?

それは「**WISE J224607.57-052635.0**」という銀河です。

なんとこの天体は、毎秒**太陽の350兆倍のエネルギーを放っている**そうです！

クエーサーなので、このうちのほとんどが中心の巨大ブラックホールの周囲の降着円盤から放たれていると考えられています。

こんな怪物が宇宙には実在しているのですから、本当に面白いですね。

結論

輝き（物理）に満ちた人生を送りたい方は、ブラックホールに近づき、クエーサーの一部となろう

第４章

令和の宇宙
重大ヤバイニュース
５選

ここでは、令和に入って特に話題になった、
大きな天文ニュースを５つ厳選して
解説していきたいと思います！
銀河と銀河が衝突する？
超巨大なブラックホールが観測された？
びっくり驚きの宇宙ニュースです。

天の川銀河は、アンドロメダ銀河と現在進行形で衝突中かもしれない!?

宇宙ヤバイ

●天の川銀河とアンドロメダ銀河の衝突

私たちの太陽系が属する天の川銀河と、ここから250万光年ほど離れたところにあるアンドロメダ銀河同士は秒速約120㎞という速度で接近していて、今のペースで行くと**約45億年後には衝突する**と言われています。

そして、今から70億年もすると2つの銀河は完全にまじりあい、新たに巨大銀河が形成されます。新たに形成されると予想されている銀河にはすでに名前が付けられており、「**ミルコメダ銀河**」もしくは「**ミルクドロメダ銀河**」と呼ばれています。

45億年後とのことなので随分と未来の話ですが、最近の研究によると、なんとこれら2つの巨大銀河の衝突はすでに始まっている可能性があるとのことです！

●アンドロメダ銀河は想像以上に巨大だった

アンドロメダ銀河の直径は約25万光年というのが一般的に言われている値です。確かに銀河のディスク部分の直径を考えると、大体それくらいの数値になるそうです。

ですが、このディスクは銀河全体の構造の一部分にすぎないということが明らかになっています。

その周囲には銀河のディスク全体を取り囲む「**ハロー**」という構造があり、そのハローは、単独で存在する膨大な数の星々や塵、さらに数十万単位以上の星々が重力的に結びついて球状に集まった星の集団である「**球状星団**」、そして目に見えないけど質量を持つ謎の物質「**ダークマター**」などで構成されます。

では、アンドロメダ銀河のハローはどこまで広がっているのでしょうか？　ハローは非常に希薄で直接的な観測が難しいため、研究者たちは地球から見てアンドロメダ銀河に近い方向にある、超遠方の非常に明るい天体「**クエーサー**」に着目しました。

クエーサーは地球から数十億光年、遠いものだと100億光年以上彼方にある、尋常ではなく明るい天体でした。

クエーサーから地球に向けて放たれた様々な波長の光が、その道中でアンドロメダ銀河のハローを通過していた場合、一部の波長を持った光がハロー内のガスに吸収されます。そのため、地球に届いたクエーサーの光を分析すれば、途中でアンドロメダ銀河のハローを通過してきたのかどうか、つまりクエーサーの方向にはアンドロメダ銀河のハローが存在しているのか否かが理解できる、というわけです。

このような分析の結果、アンドロメダ銀河のハローの直径はなんと銀河中心部から130万光年、特定の方向だと200万光年の位置まで広がっていました。

アンドロメダ銀河の円盤構造の視直径ですら満月の５倍以上ある巨大なものだが、銀河のハロー全体は円盤構造の遥か彼方まで広がっている。
Credit：NASA, ESA, J. DePasquale and E. Wheatley（STScI）and Z. Levay

●天の川銀河も想像以上に巨大だった

では、天の川銀河のハローは正確にはどこまで広がっているのでしょうか？　さらに最近の研究により、天の川銀河のハローに属する恒星が存在する範囲が示されました。

宇宙はあまりに広すぎるため、遠方にある天体との距離を測定することは天文学の分野で特に難しいことであると言われることも少なくありません。そんな中、遠方の天体との距離測定において重宝されるのが、距離に依らない絶対的な明るさがわかる「**標準光源**」と呼ばれる天体や現象です。

標準光源は絶対的な明るさがわかるため、それが地球から明るく見えれば光源との距離が近いことが、暗く見えれば光源との距離が遠いことがわかります。このように標準光源を利用すれば、その発生源との距離を計算することができます。

天の川銀河のハローの外縁部は非常に希薄で、どこまで続いているのかを正確に知ることは難しいです。そこで利用されたのが標準光源の1つであり、銀河ハローによく見られる**「こと座RR型変光星」**という分類の恒星です。

こと座RR型変光星はその名のとおり明るさが変化する変光星ですが、その中でも星自体が膨張と収縮を繰り返すことで周期的に変光している**「脈動変光星」**に分類されます。

こと座RR型変光星の場合、脈動による変光の周期と絶対光度の間に比例関係（周期-光度関係）があります。具体的には変光の周期が長いほど、距離に依らない絶対的な光度が高くなります。

つまり、こと座RR型変光星のように、周期-光度関係が成り立つ恒星は、その変光の周期から絶対光度が理解できるため、その天体との距離測定に役立つ「標準光源」として用いられています。

こと座RR型変光星はハロー領域に多く存在しているので、天の川銀河のハローがどこまで広がっているのかを調べるのに最適な観測対象でした。

研究の結果、実に200個以上ものこと座RR型変光星を新たに発見し、その中でも最も遠いものは、地球や天の川銀河中心部から100万光年以上も離れた位置に存在していたそうです。天の川銀河からアンドロメダ銀河までの距離が約250万光年とされているので、その半分近い場所まで天の川銀河のハローが広がっている可能性が高まりました。

●天の川銀河とアンドロメダ銀河はすでに衝突中!?

そして、これらの観測事実から、天の川銀河、アンドロメダ銀河ともにその中心部から100万光年以上彼方までハローが広がっており、実はすでに銀河ハロー同士の衝突は始まっている可能性が高まりました。

もちろん、銀河の円盤部同士が衝突し始めるのは今から45億年も後の話ですが、今この瞬間も2つの主要な銀河のハロー同士が衝突を始めていると考えると、ロマンがありますね。

結論

銀河同士は衝突しても、人間同士は衝突したくないな

ベテルギウス大減光事件

宇宙ヤバイ

●突如暗くなったベテルギウス

オリオン座のベテルギウスは2019年末から2020年2月下旬あたりまで急激な減光を続け、過去に類を見ないほどにまで暗くなり、大きな話題を呼んでいました。

ベテルギウスは地球からの見た目の明るさが最も明るい星のグループである「一等星」に分類されていますが、減光時の明るさは平常時の半分以下になり、二等星相当の明るさになっていました。

ベテルギウスが減光しただけでなぜここまで騒がれるのかというと、ベテルギウスは**超新星爆発**という宇宙の中でも最大級のエネルギーを放つ現象を起こし、世紀の天

左：通常時のオリオン座。右：ベテルギウス減光時のオリオン座。オリオン座の中で左上に位置する赤く明るい星がベテルギウス。Credit：H. Raab

体ショーを見せてくれるかもしれないと期待されている天体だからです。

ベテルギウスのように質量が太陽の8倍以上重い大質量星は一生の最期に超新星爆発を起こしますし、ベテルギウスはそんな大質量星の中でも寿命が迫った赤色超巨星に分類される恒星なので、その動向に注目が集まっているんですね！

仮にベテルギウスが超新星爆発を起こした場合、ベテルギウスの明るさはなんと最大で半月と同程度にまでなるという説もあります。そんな世紀の天体ショーを匂わせる減光ということで、非常に注目を集めていたのです。

●最新の解釈

そんなベテルギウスの減光騒動の原因を突き止めるべく、世界中の研究者たちがその観測や分析に努めた結果、その原因を明確に示す新たな理論が２０２１年6月に発表されていたので、ご紹介したいと思います。

研究チームは減光前の２０１９年1月、そして減光中の同年12月、２０２０年1月、そして回復後の２０２０年3月のベテルギウスの実写映像を比較しました。５００光

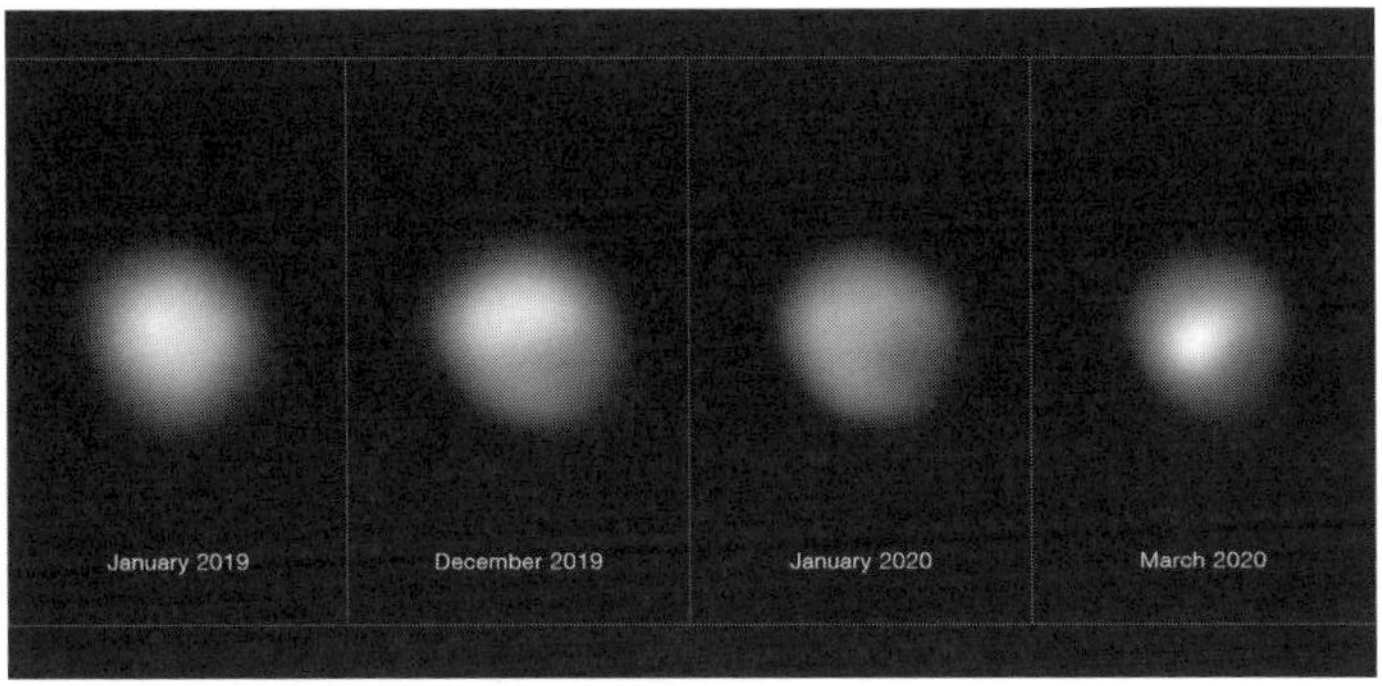

ベテルギウス本体の実写画像の比較。左から2019年1月、2019年12月、2020年1月、2020年3月時点のもの。Credit：ESO/M.Montarges et ai

年以上も離れてその実体が捉えられるのはベテルギウスが太陽の700倍の直径を持つほど、とてつもなく巨大な星だからです。そして改めて実写画像を比較してみると、時期ごとにその様子が明らかに異なることがわかります。

結論から言うと、ベテルギウスが大減光していた原因は、「**星の表面温度の低下に伴いベテルギウス表面から放たれた周囲のガスが冷えて塵になり、それがベテルギウスを覆ったこと**」であると発表されています。

以前にベテルギウスからやってくる電波を観測したところ、巨大な黒点が現れているような特徴が捉えられています。

また、2019年の9月から11月までの期間、ハッブル宇宙望遠鏡にてベテルギウスからやってくる紫外線を観測していたところ、高温高密度のプラズマがベテルギウスの対流層から放たれる様子が観測されていました。

プラズマは、温度が上がりすぎて原子が陽イオンと電子に電離してしまった状態のガスを指します。ベテルギウスの主成分である水素などが、あまりの高温でプラズマ

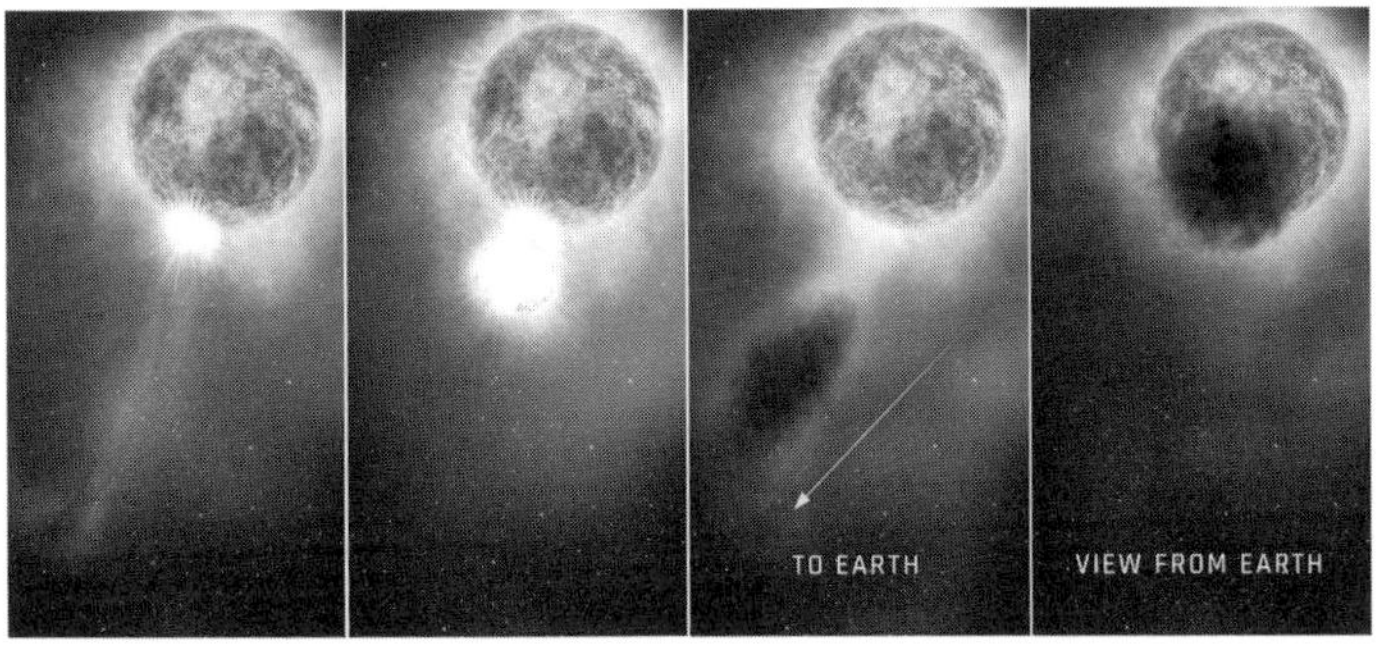

大減光時におけるベテルギウスの想像図。ベテルギウス表面から地球の方向に放たれた巨大なプラズマが冷えて固まり、ベテルギウスの大部分を覆う巨大な塵の雲となった。Credit：NASA, ESA, and E. Wheatley (STScI)

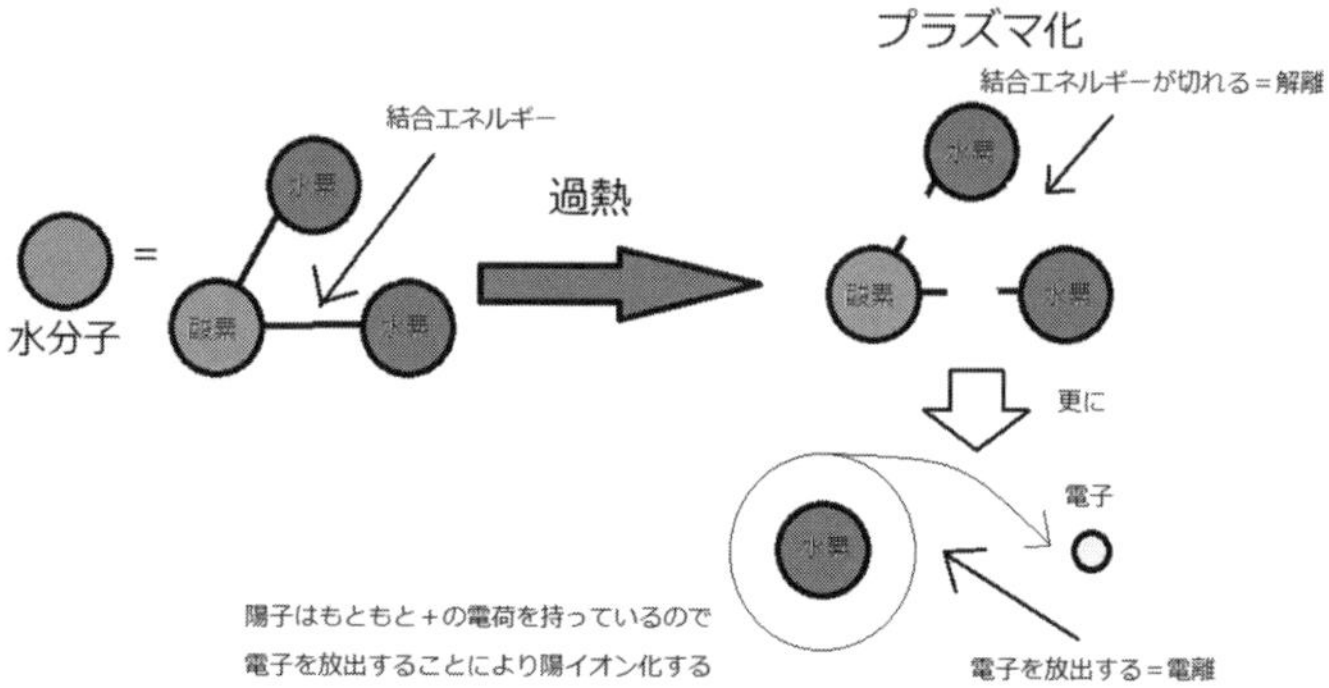

プラズマ化の仕組み。気体の温度をさらに上昇させると、気体を構成する原子が－の電気を帯びた電子を手放し、＋の電気を帯びた陽イオンに変化する。このように電離した気体をプラズマと呼ぶ。

の状態になってしまっているわけです。

ベテルギウスの表面から放たれたプラズマは、星表面から離れるにつれて徐々に冷えていき、星表面から数百万km も離れると冷えて巨大な塵の雲が形成されるため、これがベテルギウスを覆っていたとも考えられています。

また、最近の研究では、ベテルギウスはまだまだ恒星進化の途中段階であり、最期に爆発するまで少なくとも10万年はかかるという発表もあります。残念ながら、私たちが生きている間にベテルギウスが爆発する姿を見られる可能性は低いかもしれません。

結論

ベテルギウスは爆発するする詐欺師

超巨大ブラックホールを直接捉えることに成功！

●ブラックホールを直接観測

太陽系が属する天の川銀河を含むほとんどすべての銀河の中心部には、超巨大なブラックホールが存在していると考えられています。

そんな超巨大ブラックホールのうち、地球から約５００万光年離れた「**M87**」という銀河中心に存在するものは２０１９年４月に、そして天の川銀河中心に存在するものは２０２２年５月にそれぞれ**直接観測に成功した**と発表があり、どちらも本当に大きなニュースになっていました。

２０１９年4月は1カ月違いで令和ではないですが、細かいことは置いておいて、これらのニュースについて解説していきます。

●観測のメカニズム

M87と天の川銀河中心のブラックホールの撮影に成功したのは、どちらも「EHT(Event Horizon Telescope)」と呼ばれるプロジェクトです。EHTプロジェクトでは、世界各地に設置された複数の電波望遠鏡をつなぎ、地球サイズの仮想望遠鏡を実現しています。このネットワークによって、人間の視力換算で３００万もの観測性能を実現しました。

ブラックホールの本体は、光や電波などといった電磁波すらも抜け出せないほど重力が強い領域なので、そこから放たれた電磁波を観測することはできません。そこでEHTは「**ブラックホールシャドウ**」の観測を狙いました。

ブラックホールの近くにある物質は、その重力で捕らえられ、ブラックホールの周囲を光速に迫る速度で公転します。このような物質は超高温で光り輝く降着円盤を形成するのでした。降着円盤から放たれた光がブラックホールの重力で進路を歪められてから地球に届くと、ブラックホール本体が存在する部分にぽっかりと黒い影が浮かび上がります。これが「ブラックホールシャドウ」です。

このブラックホールシャドウは、一度入ると電磁波ですら出て来られないブラックホールの本体に当たる領域である「**事象の地平面**」とは異なります。理論的に、シャドウは事象の地平面の約2・5倍の半径を持つことがわかっています。

●直接観測の実例

2019年4月には、地球から約5000万光年離れたM87という銀河の中心にあるブラックホールのシャドウの姿が公開されました。

M87は、1000個以上の大量の銀河が重力的に拘束し合った巨大な銀河の集団である「**おとめ座銀河団**」の中心部に存在する超巨大な楕円銀河です。そのような巨大

2019年4月に公開された、M 87中心のブラックホールのシャドウ。シャドウの直径は約1000億kmで、このブラックホールの質量は太陽の65億倍にもなる。Credit：EHT Collaboration

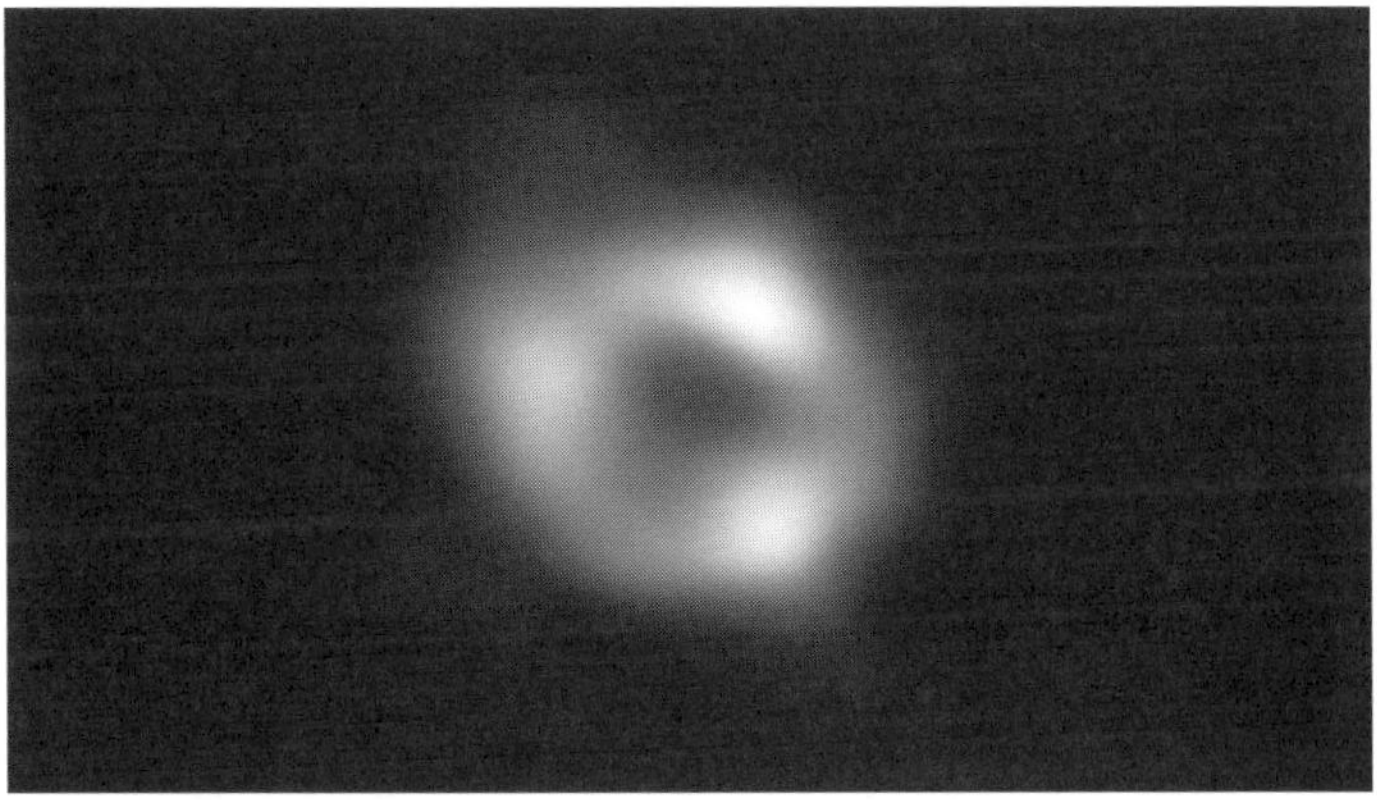

2022年5月に公開された、いて座A*のシャドウ。シャドウの直径は約6000万km。Credit：EHT Collaboration

な銀河の中心には巨大なブラックホールが存在する傾向があります。
実際にM87にも巨大なブラックホールが存在する可能性が高いことは、EHTによる観測が行われる前からわかっていました。そのため、より近傍にある銀河を差し置いて、わざわざ地球から5500万光年も彼方にあるM87中心のブラックホールが、初の撮影対象として選ばれています。

そして、205ページの画像が、EHTプロジェクトで撮影されたM87中心部のブラックホールの姿です。確かに黒くぽっかりと空いたシャドウがはっきりと浮かび上がっています。シャドウの直径は1000億kmと計算されています。

さらに事象の地平面はシャドウの約40%の直径を持つので、M87中心ブラックホールの事象の地平面の直径は400億kmと判明しました。事象の地平面の大きさとブラックホールの質量は対応していることから、このブラックホールの質量は太陽の65億倍であることも判明しています！

そして2022年5月には、天の川銀河中心に存在する超大質量ブラックホール「いて座A*」のシャドウを直接撮影した画像も公開されています。いて座A*のシャドウは、直径が約6000万kmありました。

そこから推定されるブラックホールの質量は太陽の400万倍で、これは別の方法で求められた質量とも矛盾していません。このことはこの画像とEHTの観測手法の正確性を裏づけています。

このようにEHTプロジェクトによってシャドウが直接示されたことで、これまでは非常に高確率で存在すると考えられていたものの、あくまで理論上の存在だったブラックホールという天体が実在することが証明されました！

結論

視力300万もあればブラックホールさえ見える

探査機が史上初めて太陽の大気に突入！

宇宙ヤバイ

●太陽に接近する2つの探査機

技術の進歩により、人類は探査機を太陽の間近まで送り、その過酷な環境下で直接探査ができるようになりました。2023年時点で、ESAの「**ソーラー・オービター**」と、NASAの「**パーカー・ソーラー・プローブ**」の2つの探査機が、太陽に接近して探査を行っています。

●ソーラー・オービターの成果

2020年2月10日、欧州宇宙機関（ESA）により太陽観測衛星「ソーラー・オービター（以下、オービター）」が打ち上げられ、2023年時点でも太陽を周回して

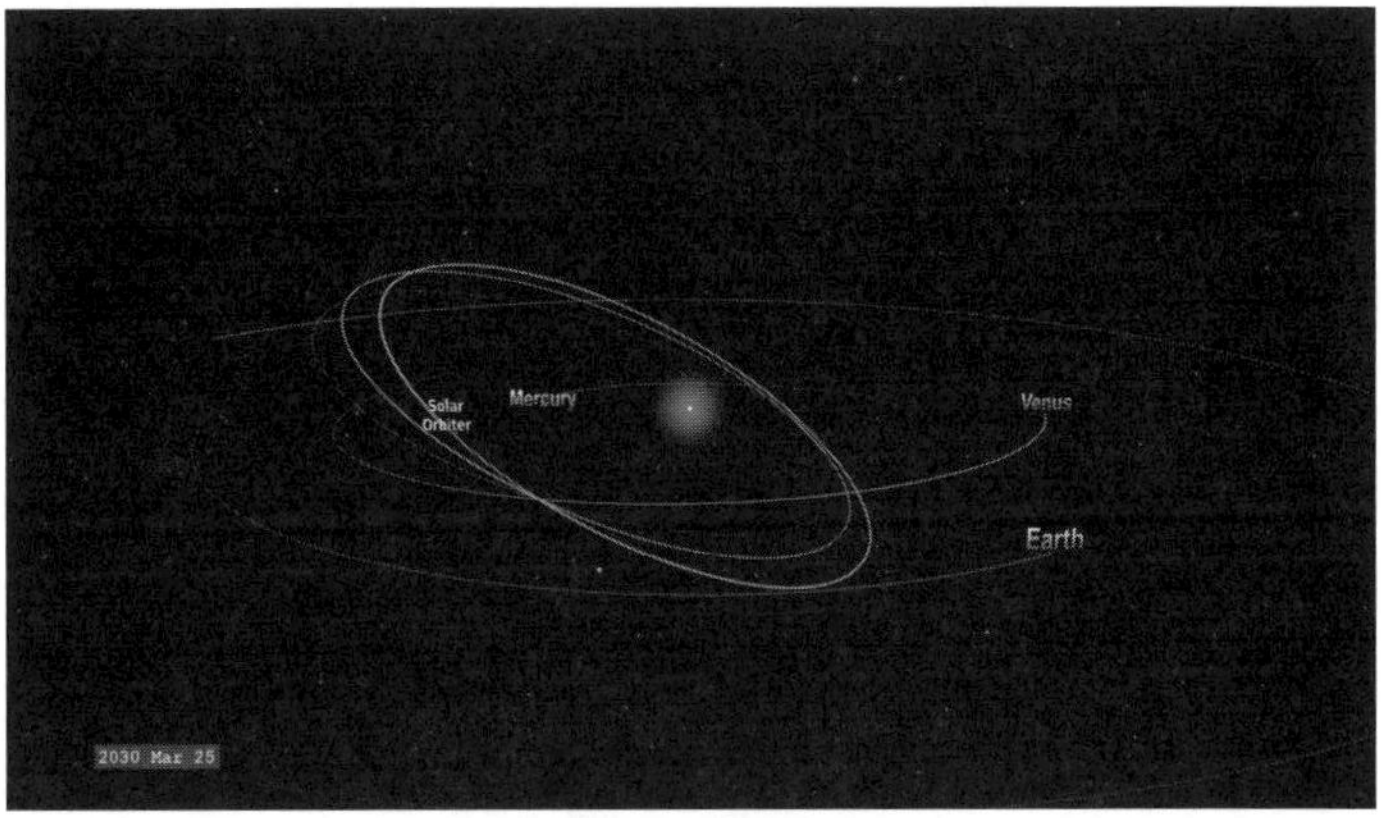

ソーラー・オービター軌道画像。太陽の極を観測するため、太陽系惑星の公転軌道から見て傾いた軌道を公転している。Credit：NASA's Scientific Visualization Studio

います。

地球から観測できない太陽の極の部分には、太陽活動を解明する上で非常に重要な秘密があると考えられています。オービターはそんな極を観測するため、軌道に角度をつけながら、徐々に太陽に接近していく計画となります。

そして、オービターが地球と太陽の距離の半分程度にあたる、太陽から約７７００万km地点にて太陽表面の詳細な撮影を行い、太陽表面における未知の活動の存在が明らかになりました！

なんと、地球の地上から観測できる太陽フレアの数百万～数十億分の１という比較的小規模なフレアが、太陽表面の至る所で起きていたそうです。この新たに発見された小規模な太陽フレアは、「**キャンプファイヤー**」と呼ばれています。

現在のところ、キャンプファイヤーは地球から観測できる比較的大規模なフレアの小型バージョンに過ぎないのか、もしくはそもそもメカニズムが異なる異種の現象なのか、詳細なことはまだわかっていません。

そして、さらに、太陽表面が5500℃程度なのに対し、その外層のコロナの温度が100万℃もあるという、太陽最大の謎とされる「**コロナ加熱問題**」の原因としてこのキャンプファイヤーが寄与している可能性もあるそうです。

●太陽コロナに突入したパーカー・ソーラー・プローブ

2018年8月12日、NASAは太陽探査機「**パーカー・ソーラー・プローブ**（以下、パーカー）」を打ち上げました。パーカーの宇宙旅行は7年間の予定で、近日点において26回にわたり、太陽に接近する予定です。

2021年4月、パーカーは人類史上初めて太陽コロナに到達しました。これは8回目の近日点到達時のことです。このとき、太陽磁場の変動を観測したり粒子の採取をしたり、探査活動を行っています。

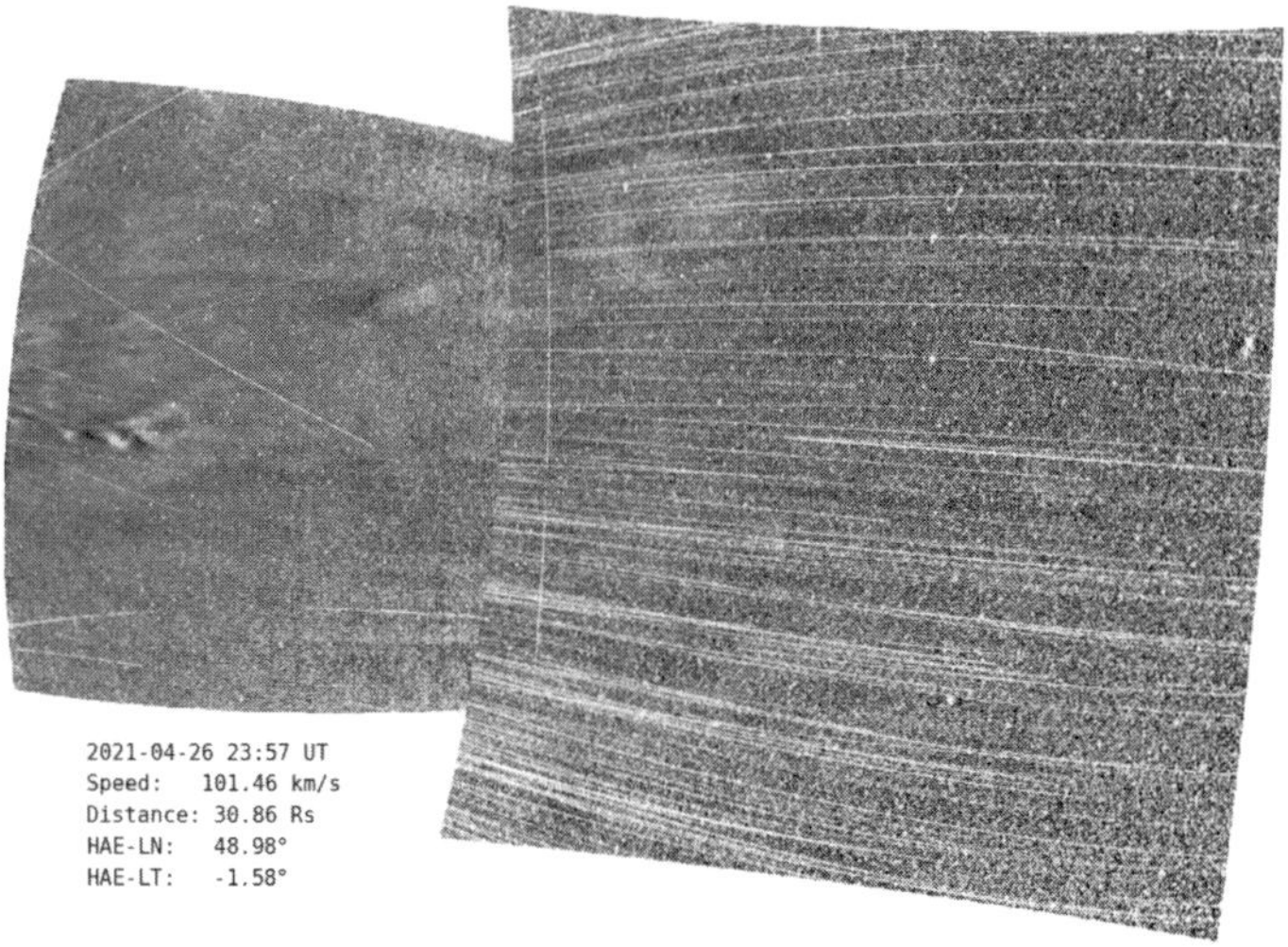

パーカーによる、人類が初めて太陽大気内から直接撮影した史上初の実写画像。横に流れている線は、コロナ内に存在する「流線（ストリーマー）」と呼ばれる構造。Credit：NASA/Johns Hopkins APL/Naval Research Laboratory

パーカーは合計26回にも及ぶ近日点通過の中で、金星のスイングバイを利用しながら、太陽との距離を縮めていき、太陽から、太陽半径約9個分（約600万km）という、オービター以上の超至近距離まで接近する予定です。

今回紹介したオービターとパーカーは、今後さらに太陽に接近していき、新たな発見がもたらされることが期待されています。私たちを生かしてくれている太陽が本当はどんな天体なのか、解明されるのが楽しみです！

結論

主星の特性をよく理解することが、文明の発展に不可欠

最新最強の宇宙望遠鏡が登場！
超遠方の宇宙探査で革命を起こす

宇宙ヤバイ

●ハッブル宇宙望遠鏡の後継機

２０２１年12月25日、あのハッブル宇宙望遠鏡の後継機と期待される「**ジェイムズ・ウェッブ宇宙望遠鏡**（James Webb Space Telescope、通称**ＪＷＳＴ**）」の打ち上げが成功しました。

ハッブル宇宙望遠鏡は高度約５７０㎞を周回し、そこから宇宙を観測していたのに対し、ＪＷＳＴは太陽‐地球系の「**ラグランジュ点２（Ｌ２）**」というところから観測を行います。ここは地球から１５０万㎞ほど離れた場所です。

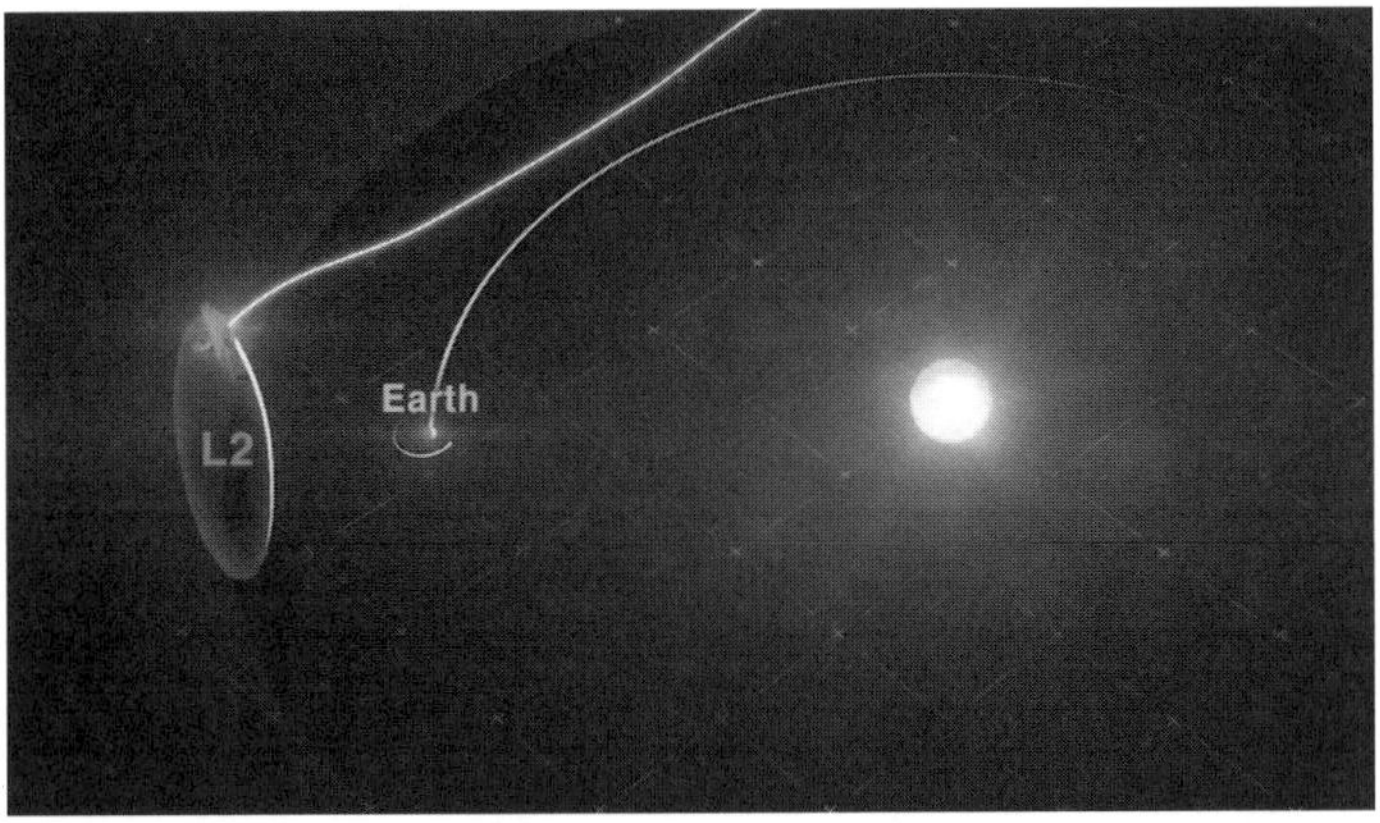

L2は地球から150万kmも離れた場所で、月の4倍ほど遠くに位置している。ハッブル宇宙望遠鏡は地球表面から約600kmの高度を周回しているのに比べると、JWSTは非常に遠い所にある。Credit：NASA's Goddard Space Flight Center

そこで様々な調節を済ませ、２０２２年7月から本格的な科学観測を始めることに成功しています。それから天文学の歴史を塗り替えるような大きな発見をいくつももたらしました。ここでは特に「超深宇宙探査」の分野においてＪＷＳＴがもたらした大きな成果を紹介します。

ＪＷＳＴは本格的な科学観測を開始してから短期間で、すでにいくつもの「新発見の超遠方天体」の候補を発見しています。これまでの人類の観測から、地球から遠方の天体からやってきた光は、その波長が伸びる「**赤方偏移**」と呼ばれる現象が起きていることが知られています。これは遠方の天体からやってきた光が地球に届くまでの過程で、宇宙空間の膨張の影響を受けて徐々に波長が伸びているのだと解釈されています。

そして、地球からより遠い天体から放たれた光ほど、長期間宇宙膨張の影響を受け、赤方偏移が顕著になります。逆に、天体からの光を分析して赤方偏移の度合いを調べれば、その天体までの距離を推定することができることになります。

研究者たちはこれまで、JWSTを用いて新たにいくつもの最遠天体の候補を発見しました。地球から遠い天体のランキングは、今やJWSTによってその顔ぶれがまったくと言って良いほど変わってしまいました。

そしてJWSTが超遠方の宇宙を開拓した結果、天文学における新たな大問題が浮上しています。遠方の宇宙において、天の川銀河やアンドロメダ銀河のように円盤状の形をした「円盤銀河」が従来の予想の実に10倍も高い割合で存在していたことが判明したのです。

円盤銀河は特に地球から近傍の宇宙に多くみられており、従来の宇宙論においてこれらの銀河は、形状に統一性がなく小さい「矮小銀河」が多数の衝突を繰り返すことで、徐々に銀河が成長して形成されるものであり、短時間で形成されるものではないと考えられてきました。つまり円盤銀河が超初期の宇宙から予想以上に大量に存在していたことは、銀河形成のメカニズムなど、宇宙の基本的な理解の一部に修正を迫るほどの大問題なのです。

圧倒的な観測性能により、私たちの宇宙の理解の矛盾点を明らかにしたことは、JWSTの超深宇宙探査における大きな成果と言えるでしょう。矛盾を解き明かすため、世界中の科学者たちが今この瞬間も超遠方の宇宙の研究を進めています。

結論

天文学は、JWSTが登場したばかりの今が一番アツい！

あとがき

本書を最後までご覧いただき、誠にありがとうございます！　宇宙の話に出てくるたくさんの巨大な数字を通して、僕自身も魅力を感じている宇宙のスケールの大きさとその壮大な魅力を少しでも共有できたら、執筆者としてこれほど嬉しいことはありません。

まだお話ししていませんでしたが、僕が宇宙に対して特に魅力を感じているポイントが実はもう一つあります。それは「日常の尊さを実感できること」です。宇宙がどのように始まり、どうやって進化してきたのか。その中で生まれた地球の環境がどのように変化して、生命が誕生するに至ったのか。天文学の勉強を通じて、私たちが何気なく過ごしているこの日常がいかに奇跡的な出来事の連続の上で成り立っているのかを理解できれば、ただの何気ない、辛いことも少なくない日常でさえ尊いものに思え、生きる気力が湧いてくるのです。

こんなディープな話を本書の冒頭にしていたら、恐らく「本当の意味でヤバイ本かな？」と思われかねないので、宇宙の神秘的な話の数々に目を通した後に読まれるであろう、この「あとがき」で話させていただきました（笑）。ここでなら、少なからず共感してもらえるのではないかと期待しております。

本書の内容は天文学のほんの入門部分に過ぎず、まだまだ深い世界が広がっています。さらに日々新たな発見がもたらされているので、天文学が皆さんを飽きさせることはないでしょう。僕はYouTubeの「宇宙ヤバイch」でそんな天文学の最新情報を日々発信しているので、ぜひそちらもご覧ください！

〈参考文献一覧〉

■【宇宙入門】天体の分類の基礎知識！
名古屋市立科学館HP：銀河系と天の川
http://www.ncsm.city.nagoya.jp/cgi-bin/visit/exhibition_guide/exhibit.cgi?id=A527
天文学辞典：ダークマター
https://astro-dic.jp/dark-matter-2/
■宇宙の広さはどれだけヤバイのか？
天文学辞典：ラニアケア超銀河団
https://astro-dic.jp/laniakea-supercluster/
Irfu CEA Saclay：Laniakea; Our Supercluster of Galaxies
https://irfu.cea.fr/laniakea
■ビッグバンから地球誕生まで！　宇宙の歴史まとめ
東京大学 宇宙理論研究室：ビッグバンモデルを正しく理解する
http://www-utap.phys.s.u-tokyo.ac.jp/~suto/myresearch/hino-shimindaigaku-2020Dec5.pdf
東京大学：見えてきた「宇宙のはじまり」ビッグバン直前の一瞬を説く「インフレーション理論」
https://www.u-tokyo.ac.jp/focus/ja/features/f_00066.html
■全部バッドエンド!?「宇宙の終焉」がヤバイ
天文学辞典：フリードマン宇宙
https://astro-dic.jp/friedmann-universe/
NASA：WMAP - Fate of the Universe
https://wmap.gsfc.nasa.gov/universe/uni_fate.html
東京大学 宇宙理論研究室：宇宙論パラメータの決定
http://www-utap.phys.s.u-tokyo.ac.jp/~suto/myresearch/sinra-bansho05_4-cosmparam.pdf
■宇宙で今後１グーゴル年以内に起こることがヤバすぎる
Kavli IPMU：ベテルギウスはまだ爆発しない -減光の原因を探り恒星の質量、サイズ、距離を改訂-
https://www.ipmu.jp/ja/20210204-Betelgeuse
Nature：The demise of Phobos and development of a Martian ring system
https://www.nature.com/articles/ngeo2583
ScienceDirect：Observations of the chemical and thermal response of ʻring rainʼ on Saturnʼs ionosphere
https://www.sciencedirect.com/science/article/abs/pii/S0019103518302999
NASA/ADS：Tidal evolution in the Neptune-Triton system
https://ui.adsabs.harvard.edu/abs/1989A%26A...219L..23C/abstract
ESA：Gaia clocks new speeds for Milky Way-Andromeda collision
https://www.esa.int/Science_Exploration/Space_Science/Gaia/Gaia_clocks_new_speeds_for_Milky_Way-Andromeda_collision
Oxford Academic：Distant future of the Sun and Earth revisited
https://academic.oup.com/mnras/article/386/1/155/977315
IOPscience：Cosmology with hypervelocity stars
https://iopscience.iop.org/article/10.1088/1475-7516/2011/04/023
■天体の大きさを比べてみよう！
NASA JPL：Planetary Physical Parameters
https://ssd.jpl.nasa.gov/planets/phys_par.html
IOPscience：The Gravity Field of the Saturnian System from Satellite Observations and Spacecraft Tracking Data
https://iopscience.iop.org/article/10.1086/508812
NASA JPL：Small-Body Database Lookup
https://ssd.jpl.nasa.gov/tools/sbdb_lookup.html#/?sstr=itokawa
JAXA：はやぶさ２情報源
https://www.hayabusa2.jaxa.jp/enjoy/material/factsheet/FactSheet_v2.31s.pdf

NASA Solar System Exploration
https://solarsystem.nasa.gov/
ESO：Omega Centauri
https://www.eso.org/public/news/eso0844/
■土星のリングの200倍!?　超巨大なリングを持つ太陽系外天体「J1407b」
University of Rochester：Gigantic ring system around J1407b much larger, heavier than Saturn’s
https://www.rochester.edu/newscenter/gigantic-ring-system-around-j1407b/
■クエーサーと宇宙最大のブラックホール
Astronomy & Astrophysics：Unveiling Gargantua: A new search strategy for the most massive central cluster black holes
https://www.aanda.org/articles/aa/full_html/2016/01/aa26873-15/aa26873-15.html
Chandra X-ray Observatory：Phoenix Cluster Sets Record Pace at Forming Stars
https://chandra.si.edu/press/12_releases/press_081512.html
■宇宙最大の銀河IC 1101の桁違いのスケール
NASA Exoplanet Exploration：Our Milky Way Galaxy: How Big is Space?
https://exoplanets.nasa.gov/blog/1563/our-milky-way-galaxy-how-big-is-space/
■宇宙の温度を比べてみよう！
IOPscience：Resolving the core of R136 in the optical
https://iopscience.iop.org/article/10.3847/1538-4357/ac8424
NOIRLab：Sharpest Image Ever of Universe’s Most Massive Known Star
https://noirlab.edu/public/news/noirlab2220/
University of Maryland：Introduction to neutron stars
https://www.astro.umd.edu/~miller/nstar.html
IOPscience：The Boomerang Nebula: The Coldest Region of the Universe?
https://iopscience.iop.org/article/10.1086/310897
■宇宙一寒い場所「ブーメラン星雲」ってどんな場所？
NASA Hubble：The Boomerang Nebula
https://hubblesite.org/contents/media/images/2005/25/1744-Image.html
■宇宙一熱い惑星の想像を絶する環境
ResearchGate：A compact system of small planets around a former red-giant star
https://www.researchgate.net/publication/51919327_A_compact_system_of_small_planets_around_a_former_red-giant_star
NASA JPL：For Hottest Planet, a Major Meltdown, Study Shows
https://www.jpl.nasa.gov/news/for-hottest-planet-a-major-meltdown-study-shows
■最強星団「R136」と最強恒星「R136a1」
Oxford Academic：The R136 star cluster dissected with Hubble Space Telescope/STIS – II. Physical properties of the most massive stars in R136
https://academic.oup.com/mnras/article-abstract/499/2/1918/5905414
■宇宙一強い風が吹く惑星の暴風はどれくらい強い？
Environment and Climate Change Canada：Top ten weather stories for 2007: story ten
https://ec.gc.ca/meteo-weather/default.asp?lang=En&n=07580648-1
NASA：In a First, NASA Measures Wind Speed on a Brown Dwarf
https://www.nasa.gov/feature/jpl/in-a-first-nasa-measures-wind-speed-on-a-brown-dwarf
Oxford Academic：Stellar diameters and temperatures – VI. High angular resolution measurements of the transiting exoplanet host stars HD 189733 and HD 209458 and implications for models of cool dwarfs
https://academic.oup.com/mnras/article/447/1/846/1753469
NASA：NASA Finds Extremely Hot Planet, Makes First Exoplanet Weather Map
https://www.nasa.gov/mission_pages/spitzer/news/spitzer-20070509.html
NASA：Rains of Terror on Exoplanet HD 189733b
https://www.nasa.gov/image-feature/rains-of-terror-on-exoplanet-hd-189733b

■最も速いスピードで自転する恒星
IOPscience：LAMOST J040643.69+542347.8: The Fastest Rotator in the Galaxy
https://iopscience.iop.org/article/10.3847/2041-8213/ab8123/meta
IOPscience：THE VLT-FLAMES TARANTULA SURVEY: THE FASTEST ROTATING O-TYPE STAR AND SHORTEST PERIOD LMC PULSAR—REMNANTS OF A SUPERNOVA DISRUPTED BINARY?
https://iopscience.iop.org/article/10.1088/2041-8205/743/1/L22/meta
■観測史上最高速で移動する星が異次元すぎた！
Carnegie Science：Runaway star was ejected from the “heart of darkness”
https://carnegiescience.edu/news/runaway-star-was-ejected-heart-darkness
■謎多き恒星・メトシェラ星
IOPscience：HD 140283: A STAR IN THE SOLAR NEIGHBORHOOD THAT FORMED SHORTLY AFTER THE BIG BANG*
https://iopscience.iop.org/article/10.1088/2041-8205/765/1/L12/meta
■宇宙で最も明るい天体「クエーサー」
academist Journal：天の川銀河「巨大ガンマ線バブル」の謎に迫る – 1000万年前の大爆発をX線で検証
https://academist-cf.com/journal/?p=8135
■天の川銀河は、アンドロメダ銀河と現在進行形で衝突中かもしれない!?
NASA Hubble：Hubble Maps a Giant Halo Around the Andromeda Galaxy
https://hubblesite.org/contents/news-releases/2020/news-2020-46
Science Daily：Astronomers find the most distant stars in our galaxy halfway to Andromeda
https://www.sciencedaily.com/releases/2023/01/230109191622.htm
■ベテルギウス大減光事件
Astronomy：When Betelgeuse goes supernova, what will it look like from Earth?
https://astronomy.com/news/2020/02/when-betelgeuse-goes-supernova-what-will-it-look-like-from-earth
Australian National University：Supergiant star Betelgeuse smaller, closer than first thought
https://www.anu.edu.au/news/all-news/supergiant-betelgeuse-smaller-closer-than-first-thought
■超巨大ブラックホールを直接捉えることに成功！
国立天文台：史上初、ブラックホールの撮影に成功 — 地球サイズの電波望遠鏡で、楕円銀河M87に潜む巨大ブラックホールに迫る
https://www.nao.ac.jp/news/science/2019/20190410-eht.html
国立天文台：天の川銀河中心のブラックホールの撮影に初めて成功
https://www.nao.ac.jp/news/science/2022/20220512-eht.html
■探査機が史上初めて太陽の大気に突入！
ESA：Solar Orbiter’s first images reveal ‘campfires’ on the Sun
https://www.esa.int/Science_Exploration/Space_Science/Solar_Orbiter/Solar_Orbiter_s_first_images_reveal_campfires_on_the_Sun
ESA：The Sun as you’ve never seen it before
https://www.esa.int/Science_Exploration/Space_Science/Solar_Orbiter/The_Sun_as_you_ve_never_seen_it_before
NASA SVS：NASA’s Parker Solar Probe Touches The Sun For The First Time
https://svs.gsfc.nasa.gov/14045
NASA：Switchbacks Science: Explaining Parker Solar Probe’s Magnetic Puzzle
https://www.nasa.gov/feature/goddard/2021/switchbacks-science-explaining-parker-solar-probe-s-magnetic-puzzle
■最新最強の宇宙望遠鏡が登場！超遠方の宇宙探査で革命を起こす
The University of Edinburgh：Edinburgh astronomers find most distant galaxy
https://www.ed.ac.uk/news/2022/edinburgh-astronomers-find-most-distant-galaxy
IOPscience：Panic! at the Disks: First Rest-frame Optical Observations of Galaxy Structure at z > 3 with JWST in the SMACS 0723 Field
https://iopscience.iop.org/article/10.3847/2041-8213/ac947c

キャベチ
YouTubeで登録者数27万人超の「宇宙ヤバイch」の中の人。
好きな惑星は海王星。
「宇宙ヤバイch」https://www.youtube.com/@uchuyabaich

宇宙《うちゅう》ヤバイ
スケール桁違《けたちが》いの天文学入門《てんもんがくにゅうもん》

2023年9月20日　初版発行

著／キャベチ

発行者／山下 直久

発行／株式会社KADOKAWA
〒102-8177　東京都千代田区富士見2-13-3
電話 0570-002-301(ナビダイヤル)

印刷所／大日本印刷株式会社
製本所／大日本印刷株式会社

本書の無断複製（コピー、スキャン、デジタル化等）並びに
無断複製物の譲渡及び配信は、著作権法上での例外を除き禁じられています。
また、本書を代行業者などの第三者に依頼して複製する行為は、
たとえ個人や家庭内での利用であっても一切認められておりません。

●お問い合わせ
https://www.kadokawa.co.jp/（「お問い合わせ」へお進みください）
※内容によっては、お答えできない場合があります。
※サポートは日本国内のみとさせていただきます。
※Japanese text only

定価はカバーに表示してあります。

©Cabechi 2023　Printed in Japan
ISBN 978-4-04-605146-2　C0044